KB144479

Craftsman Wall Papering

도배기능사 실기문제 해설집

최돈화 지음

BM (주)도서출판 성안당

■ 도서 A/S 안내

성안당에서 발행하는 모든 도서는 저자와 출판사, 그리고 독자가 함께 만들어 나갑니다.

좋은 책을 펴내기 위해 많은 노력을 기울이고 있습니다. 혹시라도 내용상의 오류나 오탈자 등이 발견되면 **"좋은 책은 나라의 보배"**로서 우리 모두가 함께 만들어 간다는 마음으로 연락주시기 바랍니다. 수정 보완하여 더 나은 책이 되도록 최선을 다하겠습니다.

성안당은 늘 독자 여러분들의 소중한 의견을 기다리고 있습니다. 좋은 의견을 보내주시는 분께는 성안당 쇼핑몰의 포인트(3,000포인트)를 적립해 드립니다.

잘못 만들어진 책이나 부록 등이 파손된 경우에는 교환해 드립니다.

저자 문의 e-mail : choidh4324@gmail.com(최돈화)

본서 기획자 e-mail : coh@cyber.co.kr(최옥현)

홈페이지 : http://www.cyber.co.kr   전화 : 031) 950-6300

이 책은 도배 직종에 입문하는 사람이나 현장에서 일하는 기술자들이 '도배기능사 국가기술자격증 실기시험'을 치르는 데 필요한 내용을 담아 국내 최초로 펴내는 실기시험 문제해설집입니다.

사람은 누구나 실기시험이라고 하면 긴장되고 떨리고 당황하여 실수를 하는 경우가 많습니다. 이러한 긴장감을 덜어내기 위해서는 첫째, 이론의 정립과 기술의 체계화, 둘째, 많은 기술의 연마가 필요하다고 생각합니다.

물론 기능에 선천적인 소질이 있다면 좋겠지만 그렇지 않더라도 은근과 끈기를 가지고 꾸준히 기술을 연마한다면 좋은 결과가 있을 것으로 믿습니다. 저자는 "머리 좋은 천재보다 노력하는 천재, 메모 잘하는 천재, 그리고 즉시 실행에 옮겨 시작하는 실행의 천재"가 되라고 조언하고 싶습니다.

모든 국가자격시험에는 일정한 규정과 법칙이 있습니다. 이러한 규정과 법칙을 빨리 간파하고 이해하여 철저하게 준비한다면 실기시험에 무난히 합격할 것입니다.

이를테면 자동차 실기시험에도 공식이 있다고 합니다. 그래서 그 공식에 대입하여 실기연습을 하면 합격할 가능성이 높지만, 그렇게 하지 않고 자만하여 자기 고집대로 실기시험을 보면 떨어진다는 이야기가 있습니다. 도배기능사 실기시험도 마찬가지입니다. 자동차 실기시험과 같은 원리로 이해하고 준비한다면 좋은 결과가 있을 것입니다.

이 책은 수험생 여러분이 쉽게 이해할 수 있도록 도배의 모든 것을 이론적으로 체계화하고, 실기과정을 단계별로 기술하여 머리와 몸으로 실행하는 데 많은 도움이 되리라 확신합니다. 아울러 부록으로 도배인뿐만 아니라 일반인들도 알아두면 유용한 내용을 실어 도배의 다양한 지식을 접할 수 있게 하였습니다.

아무쪼록 이 책을 통해 합격의 영광이 함께 하길 바라며, 앞으로 도배인으로서의 무궁한 발전을 기원합니다.

도배훈련교사 최돈화

✳ NCS(국가직무능력표준) 안내

1 국가직무능력표준(NCS)이란?

국가직무능력표준(NCS, National Competency Standards)은 산업현장에서 직무를 수행하기 위해 요구되는 지식·기술·태도 등의 내용을 국가가 산업부문별, 수준별로 체계화한 것이다.

(1) 국가직무능력표준(NCS) 개념도

직무능력 : 일을 할 수 있는 On-spec인 능력
① 직업인으로서 기본적으로 갖추어야 할 공통 능력 → 직업기초능력
② 해당 직무를 수행하는 데 필요한 역량(지식, 기술, 태도) → 직무수행능력

보다 효율적이고 현실적인 대안 마련
① 실무 중심의 교육·훈련 과정 개편
② 국가자격의 종목 신설 및 재설계
③ 산업현장 직무에 맞게 자격시험 전면 개편
④ NCS 채용을 통한 기업의 능력 중심 인사관리 및 근로자의 평생경력 개발 관리 지원

(2) 국가직무능력표준(NCS) 학습모듈

국가직무능력표준(NCS)이 현장의 '**직무요구서**'라고 한다면, NCS 학습모듈은 NCS 능력단위를 교육 훈련에서 학습할 수 있도록 구성한 '**교수·학습자료**'이다.
NCS 학습모듈은 구체적 직무를 학습할 수 있도록 이론 및 실습과 관련된 내용을 상세하게 제시하고 있다.

② 국가직무능력표준(NCS)이 왜 필요한가?

능력 있는 인재를 개발해 핵심 인프라를 구축하고, 나아가 국가경쟁력을 향상시키기 위해 국가직무능력표준이 필요하다.

(1) 국가직무능력표준(NCS) 적용 전/후

🔍 지금은
- 직업 교육·훈련 및 자격제도가 산업현장과 불일치
- 인적자원의 비효율적 관리 운용

국가직무능력표준 →

🔍 이렇게 바뀝니다.
- 각각 따로 운영되었던 교육·훈련, 국가직무능력표준 중심 시스템으로 전환 (일-교육·훈련-자격 연계)
- 산업현장 직무 중심의 인적자원 개발
- 능력중심사회 구현을 위한 핵심 인프라 구축
- 고용과 평생직업능력개발 연계를 통한 국가경쟁력 향상

(2) 국가직무능력표준(NCS) 활용범위

기업체
Corporation

교육훈련기관
Education and training

자격시험기관
Qualification

- 현장 수요 기반의 인력채용 및 인사 관리 기준 - 근로자 경력개발 - 직무기술서	- 직업교육훈련과정 개발 - 교수계획 및 매체, 교재 개발 - 훈련기준 개발	- 자격종목의 신설·통합·폐지 - 출제기준 개발 및 개정 - 시험문항 및 평가 방법

3 NCS 분류체계

① 국가직무능력표준의 분류는 직무의 유형(Type)을 중심으로 국가직무능력표준의 단계적 구성을 나타내는 것으로, 국가직무능력표준 개발의 전체적인 로드맵을 제시한다.

② 한국고용직업분류(KECO : Korean Employment Classification of Occupations)를 중심으로, 한국표준직업분류, 한국표준산업분류 등을 참고하여 분류하였으며, '대분류(24개) → 중분류(80개) → 소분류(238개) → 세분류(887개)'의 순으로 구성한다.

③ 수장시공 직무 정의

수장시공은 실내건축공사의 최종 마무리 단계로 건축물의 미적 아름다움과 내구성 및 사용자의 편의와 쾌적함을 위해 바탕재 및 마감재에 대한 지식을 바탕으로 바닥, 벽, 천정을 꾸미는 일이다.

④ 수장시공 NCS 학습모듈

분류체계				NCS 학습모듈
대분류	중분류	소분류	세분류(직무)	
건설	건축	건축시공	수장시공	1. 수장시공 도면파악 2. 수장시공 현장안전 3. 수장시공 계획 수립 4. 도배시공 준비 5. 도배 바탕처리 6. 도배지 재단 7. 초배 8. 정배 9. 바닥시공 준비 10. 바닥 정지작업 11. 바닥마감재설치 12. 검사 마무리 13. 보양 청소 14. 인테리어필름 기초 작업 15. 인테리어필름 중위 작업 16. 인테리어필름 상위 작업

⑤ NCS 능력단별 능력단위요소

분류번호	능력단위명	수준	능력단위요소
1403020901_14v2	수장시공 도면파악	2	도면기본지식 파악하기 기본도면 파악하기 현황 파악하기
1403020902_14v2	수장시공 현장안전	2	안전보호구 착용하기 안전시설물 설치하기 불안전시설물 설치하기

분류번호	능력단위명	수준	능력단위요소
1403020903_14v2	수장시공 계획 수립	4	현장조사하기
			설계도서 검토하기
			공정관리 계획하기
			품질관리 계획하기
			안전 환경관리 계획하기
			자재 인력 장비투입 계획하기
1403020904_14v2	도배시공 준비	3	도배 시공상세도 확인하기
			도배 작업방법 검토하기
			도배 세부공정 계획하기
			도배 마감기준선 설정하기
			가설물 설치하기
1403020905_17v3	도배 바탕처리	2	콘크리트면 바탕처리하기
			미장면 바탕처리하기
			석고보드 합판면 바탕처리하기
1403020906_19v3	도배지 재단	2	무늬확인하기
			치수재기
			재단하기
1403020907_19v3	초배	2	보수초배 바르기
			밀착초배 바르기
			공간초배 바르기
			부직포 바르기
1403020908_14v2	정배	3	천정 바르기
			벽면 바르기
			바닥 바르기
			장애물 특정부위 바르기
1403020909_14v2	바닥시공 준비	3	바닥 시공상세도 확인하기
			바닥 작업방법 검토하기
			바닥 세부공정 계획하기
			바닥 마감기준점 설정하기
1403020910_17v3	바닥 정지작업	2	바탕면 고르기
			마감기준점 확인하기
			바탕면 작업하기
			바탕면 양생하기
1403020911_17v3	바닥마감재 설치	3	마감재 검수하기
			마감재 가공하기
			마감재 설치하기
			이음부 마감하기

분류번호	능력단위명	수준	능력단위요소
1403020912_16v3	검사 마무리	3	도배지 검사하기 바닥재 검사하기 보수하기
1403020913_17v3	보양 청소	2	보양재 준비하기 보양재 설치하기 해체 청소하기
1403020914_19v3	필름 바탕처리	2	목재면 기초 작업하기 금속면 기초 작업하기 합성수지면 기초 작업하기 석고보드면 기초 작업하기
1403020915_19v2	필름 단순구조작업	2	걸레받이 작업하기 몰딩 작업하기 알판 작업하기 문틀 작업하기 문짝 작업하기 쫄대 작업하기 파티션 작업하기 창틀 작업하기
1403020916_19v2	필름 응용구조작업	3	인테리어필름 재단 작업하기 3단몰딩 작업하기 크라운몰딩 작업하기 원형모양 작업하기 가구 작업하기 이미지월 작업하기 타마감공정과의 연계시공 작업하기 금속 작업하기 등박스 작업하기

✳ 출제기준

도배기능사 실기

직무 분야	건설	중직무 분야	건축	자격 종목	도배기능사	적용 기간	2024.1.1. ~ 2028.12.31.

직무 내용 : 건축물의 내부 마무리 공정 중의 하나로 자, 칼, 솔 등의 공구를 사용하여 건축구조물의 천장, 내부벽, 바닥의 치수에 맞게 도배지를 재단하여 풀 및 접착제를 사용하여 부착하는 등의 직무 이다.

수행준거 : 1. 일반도배지 및 특수도배지 바탕처리를 할 수 있다.
2. 각종 도배지 재단을 할 수 있다.
3. 보수초배, 밀착초배, 공간초배 등 각종 초배작업을 할 수 있다.
4. 천장 바르기, 벽면 바르기 등 각종 정배작업을 할 수 있다.

실기검정방법	작업형	시험시간	3시간 정도

실기과목명	주요 항목	세부항목	세세항목
도배작업	1. 도배시공 도면 파악	(1) 도면기본지식 파악하기	① 도면의 기능과 용도를 파악할 수 있다. ② 도면에서 지시하는 내용을 파악할 수 있다. ③ 도면에 표기된 각종 기호의 의미를 파악할 수 있다.
		(2) 기본도면 파악하기	① 도면을 보고 구조물의 배치도, 평면도, 입면도, 단면도, 상세도를 구분할 수 있다. ② 도면을 보고 재료의 종류를 구분하고 가공위치 및 가공방법을 파악할 수 있다. ③ 도면을 보고 재료의 종류별로 시공해야 할 부분을 파악할 수 있다.
		(3) 현황 파악하기	① 도면을 보고 현장의 위치를 파악할 수 있다. ② 도면을 보고 현장의 형태를 파악할 수 있다. ③ 도면을 보고 구조물의 배치를 파악할 수 있다. ④ 도면을 보고 구조물의 형상을 파악할 수 있다.
	2. 도배시공현장 안전	(1) 안전보호구 착용 하기	① 현장안전수칙에 따라 안전보호구를 올바르게 사용할 수 있다. ② 현장 여건과 신체조건에 맞는 보호구를 선택 착용할 수 있다. ③ 현장안전을 위하여 안전에 부합하는 작업도구와 장비를 휴대할 수 있다. ④ 현장안전을 위하여 작업안전 보호구의 종류별 특징을 파악할 수 있다. ⑤ 현장안전을 위하여 안전 시설물들을 파악할 수 있다.

실기과목명	주요 항목	세부항목	세세항목
		(2) 안전시설물 설치하기	① 산업안전보건법에서 정한 시설물설치기준을 준수하여 안전시설물을 설치할 수 있다. ② 안전보호구를 유용하게 사용할 수 있는 필요 장치를 설치할 수 있다. ③ 현장안전을 위하여 안전시설물의 종류별 설치위치, 설치기준을 파악할 수 있다. ④ 현장안전을 위하여 안전시설물 설치계획도를 숙지할 수 있다. ⑤ 현장안전을 위하여 구조물 시공계획서를 숙지할 수 있다. ⑥ 현장안전을 위하여 시설물 안전점검 체크리스트를 작성할 수 있다.
		(3) 불안전시설물 개선하기	① 현장안전을 위하여 기 설치된 시설을 정기 점검을 통해 개선할 수 있다. ② 측정장비를 사용하여 안전시설물이 제대로 유지되고 있는지를 확인하고 유지되고 있지 않을 시 교체할 수 있다. ③ 현장안전을 위하여 불안전한 시설물을 조기 발견 및 조치할 수 있다. ④ 현장안전을 위하여 불안전한 행동을 줄일 수 있는 방법을 강구할 수 있다. ⑤ 현장안전을 위하여 안전관리요원의 교육을 실시할 수 있다.
	3. 도배시공 준비	(1) 도배 시공상세도 확인하기	① 현장여건을 반영하여 시공상세도를 해독할 수 있다. ② 마감작업이 바닥, 벽체 및 천장 마감선에 맞추어 시공 가능한지를 확인할 수 있다. ③ 시공상세도를 확인하여 바닥, 벽체 및 천장 매설물의 여부를 파악할 수 있다. ④ 시공상세도를 확인하여 줄눈 및 이질 바닥 이음부를 파악할 수 있다.
		(2) 도배 작업방법 검토하기	① 공정에 따른 작업순서에 맞춰 자재 반입 일정을 수립할 수 있다. ② 자재의 종류와 특성을 고려하여 작업방법을 선정할 수 있다. ③ 시공성을 고려하여 작업방법을 검토하고, 책임자와 협의할 수 있다. ④ 공사의 진척사항을 파악하여 다른 공정과의 간섭을 방지할 수 있다.

실기과목명	주요 항목	세부항목	세세항목
		(3) 도배 세부공정 계획하기	① 공사특성, 작업조건을 고려하여 세부공정계획을 수립할 수 있다. ② 세부공정표를 고려하여 인력, 자재, 장비 수급계획을 수립할 수 있다. ③ 타 공종과의 간섭사항을 파악할 수 있다. ④ 공사 지연에 따른 대비책을 수립할 수 있다.
		(4) 도배 마감기준선 설정하기	① 설정된 기준점을 확인하여 바닥, 벽체 및 천장 공사의 마감기준점과 높이를 표시할 수 있다. ② 먹매김을 통해 마감자재 나누기 점을 표시할 수 있다. ③ 마감기준점을 확인하여 잘못 설정되었을 경우 수정할 수 있다.
		(5) 가설물 설치하기	① 공사 규모와 방법에 따라 필요한 가설물을 파악할 수 있다. ② 가설물 설치에 필요한 가설재의 소요량을 산출할 수 있다. ③ 가설물 설치에 따른 안전성을 검토할 수 있다. ④ 작업이 완료될 때까지 가설물의 이전이 최소화되도록 최적 위치를 선정할 수 있다. ⑤ 가설물 해체에 대비해서 해체 방안을 마련할 수 있다.
	4. 도배 바탕처리	(1) 콘크리트면 바탕 처리하기	① 쇠주걱, 정, 망치를 사용하여 콘크리트면 바탕을 면고르기할 수 있다. ② 바탕면을 확인하여 오염물을 제거할 수 있다. ③ 바탕면을 확인하여 균열, 구멍을 퍼티로 메울 수 있다. ④ 건조된 퍼티의 자국을 일직선, 또는 타원형 방향으로 연마하여 표면 처리할 수 있다.
		(2) 미장면 바탕처리 하기	① 그라인더를 사용하여 미장면 바탕을 면고르기할 수 있다. ② 바탕면을 확인하여 균열을 퍼티로 메울 수 있다. ③ 건조된 퍼티의 자국을 일직선, 또는 타원형 방향으로 연마하여 표면 처리할 수 있다.
		(3) 석고보드 합판면 바탕처리하기	① 석고보드 · 합판의 돌출된 타카핀을 보수하여, 바탕면을 처리할 수 있다. ② 석고보드 · 합판의 이음부분을 보수 초배할 수 있다. ③ 합판면을 밀착 초배 또는 바인더를 도포할 수 있다.

실기과목명	주요 항목	세부항목	세세항목
	5. 도배지 재단	(1) 무늬확인하기	① 정배지를 확인하여 무늬의 종류를 파악할 수 있다. ② 정배지의 재단을 위해 무늬 간격을 파악할 수 있다. ③ 설계도서와 현장여건을 비교하여 무늬 조합을 파악할 수 있다.
		(2) 치수재기	① 현장 여건을 고려하여 정배지의 무늬를 조합할 수 있다. ② 측정도구를 사용하여 시공면의 길이와 폭을 측정할 수 있다. ③ 실측한 시공면 치수를 기준으로 필요한 도배지의 소요량을 결정할 수 있다.
		(3) 재단하기	① 현장 여건을 고려하여 작업 공간을 선정하고, 기계도구를 배치할 수 있다. ② 현장 여건과 자재 특성을 고려하여 재단작업을 할 수 있다. ③ 받침대가 일직선을 유지하도록 고정할 수 있다. ④ 도배 풀기계를 활용하여 도배지를 재단할 수 있다. ⑤ 천장, 벽, 바닥의 순서로 치수에 맞춰 재단할 수 있다.
	6. 초배	(1) 보수초배 바르기	① 천장, 벽을 확인하여 틈이 난 곳은 틈을 메울 수 있다. ② 초배지를 벌어진 부분의 크기에 맞춰 재단할 수 있다. ③ 안지보다 겉지를 넓게 재단하여 전체 풀칠하고, 겉지 위에 안지를 바를 수 있다. ④ 공장에서 생산된 보수 초배지를 사용하여 시공할 수 있다.
		(2) 밀착초배 바르기	① 도배할 바탕에 좌우 또는 원을 그리며 골고루 풀칠할 수 있다. ② 초배지를 마무리솔로 골고루 솔질하여 주름과 기포가 발생하는 것을 방지할 수 있다. ③ 초배지를 일정 부분 겹치도록 조절하여 바를 수 있다. ④ 도배 풀기계로 재단하여 밀착 초배 바르기를 할 수 있다. ⑤ 이질재 바탕면은 바인더를 칠하여 바탕에서 베어나옴을 방지할 수 있다. ⑥ 수축, 팽창에 대비하여 보강 밀착 초배 바르기를 할 수 있다.

실기과목명	주요 항목	세부항목	세세항목
		(3) 공간초배 바르기	① 초배지의 외곽부분에 일정한 간격으로 풀칠할 수 있다. ② 첫 번째 초배지를 일정 거리를 두고, 마무리 솔로 솔질하여 바를 수 있다. ③ 초배지를 일정 부분 겹치도록 조절하여 바를 수 있다. ④ 돌출코너 높이에서 하단 부분은 초배지를 일정 부분 보강해서 바를 수 있다.
		(4) 부직포 바르기	① 부직포 시공면의 양쪽 가장자리와 상단에 접착제를 도포할 수 있다. ② 첫 번째 부직포를 하단부터 수평으로 바르고, 상단을 바를 수 있다. ③ 상·하 부직포의 겹친 부분은 접착제로 시공할 수 있다.
7. 정배		(1) 천장 바르기	① 재단된 도배지에 수작업으로 풀칠 및 주름접기 작업을 할 수 있다. ② 도배 풀기계를 사용하여 도배지 재단, 풀칠 및 주름접기 작업을 할 수 있다. ③ 도배지 특성에 따라 일정시간 경과 후 도배 작업을 할 수 있다. ④ 마무리칼을 사용하여 간섭 부분을 마무리 처리할 수 있다. ⑤ 주름과 기포가 발생하는 것을 방지하기 위해 정배솔을 사용하여 골고루 솔질하고, 무늬를 정확하게 맞출 수 있다. ⑥ 도배지의 이음 방향은 출입구에서 겹침선이 보이지 않도록 바를 수 있다.
		(2) 벽면 바르기	① 재단된 도배지에 수작업으로 풀칠 및 주름접기 작업을 할 수 있다. ② 도배 풀기계를 사용하여 도배지 재단, 풀칠 및 주름접기 작업을 할 수 있다. ③ 도배지를 풀칠한 순서대로 무늬를 맞춰 바를 수 있다. ④ 도배지의 이음 방향은 출입구에서 겹침선이 보이지 않도록 바를 수 있다. ⑤ 마무리칼을 사용하여 벽면 구석부분을 마무리 처리할 수 있다. ⑥ 정배솔을 사용하여 도배지를 물바름 방식으로 바를 수 있다.

실기과목명	주요 항목	세부항목	세세항목
		(3) 바닥 바르기	① 장판지를 동일한 규격으로 나누고, 첫 장의 위치를 올바르게 설정하여 바를 수 있다. ② 바르기 적합하게 장판지를 물에 불릴 수 있다. ③ 장판지를 바르기에 적합한 풀을 배합하여 보관할 수 있다. ④ 장판지를 따내기하여 일정한 간격으로 겹쳐 바를 수 있다. ⑤ 벽지와 장판지 작업이 완료되면 걸레받이를 바를 수 있다.
		(4) 장애물 특정부위 바르기	① 장애물을 고려하여 재단한 도배지에 풀칠할 수 있다. ② 풀칠한 도배지를 장애물 주위에 순서대로 바를 수 있다. ③ 장애물 주위의 도배지를 주름 없이 무늬를 맞춰 바를 수 있다. ④ 특정 부위에 맞는 접착제를 사용하여 도배지를 바를 수 있다.
	8. 검사 마무리	(1) 도배지 검사하기	① 도배지의 시공품질을 확인하기 위하여 검사 체크리스트를 작성할 수 있다. ② 육안 검사를 통하여 기포, 주름 및 처짐이 없는지, 무늬가 맞는지를 검사할 수 있다. ③ 도배지의 이음방향 및 이음처리를 검사할 수 있다. ④ 타 공종 및 장애물과의 간섭부위에 대한 마감 처리를 검사할 수 있다.
		(2) 보수하기	① 보수 유형별 발생 원인을 분석하고 보수방법을 결정할 수 있다. ② 보수방법에 따른 자재, 인력, 장비의 투입시기를 파악하고 보수할 수 있다. ③ 주위의 마감재가 손상 및 오염되지 않도록 보양하고 보수할 수 있다. ④ 보수작업 시 타 공종에 이차적인 피해를 끼칠 수 있는지를 파악하고 보수할 수 있다. ⑤ 보수작업 후 선행작업 부위와 미관상 부조화 여부를 파악할 수 있다. ⑥ 보수가 완료되면 마무리작업을 할 수 있다.

실기과목명	주요 항목	세부항목	세세항목
9. 보양 청소	(1) 보양재 준비하기	① 바닥재의 오염 및 보양기간을 고려하여 보양재를 준비할 수 있다. ② 바닥재를 보호하기 위하여 자재 특성에 맞는 보양재를 준비할 수 있다. ③ 기후 변화에 따른 보양재와 방법을 준비할 수 있다. ④ 해체 및 청소가 용이하고, 친환경적인 보양재를 준비할 수 있다. ⑤ 외부 바닥재의 경우 직사광선, 우천에 대비하여 시트 등을 추가로 준비할 수 있다.
		(2) 보양재 설치하기	① 작업여건을 고려하여 보양방법을 선택할 수 있다. ② 기후변화에 따른 조치작업을 할 수 있다. ③ 보행용 부직포, 스티로폼, 합판 등의 바닥보호재를 설치할 수 있다. ④ 바닥재 특성에 따라 일정 기간 보양재를 설치하고 유지관리할 수 있다. ⑤ 보양재로 인한 바닥재의 오염·훼손 방지대책을 수립할 수 있다. ⑥ 타 공정의 간섭관계를 고려하여 안전관리 대책을 수립할 수 있다.
		(3) 해체 청소하기	① 바닥재가 오염 및 훼손되지 않도록 보양재를 해체할 수 있다. ② 현장청소를 위하여 안전 보호구 및 청소도구를 준비할 수 있다. ③ 바닥재가 오염·훼손되지 않도록 청소할 수 있다. ④ 관련 법규에 의거하여 해체된 보양재를 처리하여 현장을 정리정돈할 수 있다.

❋ 차 례

PART 01

도배(塗褙)와 벽지(壁紙)

Chapter 도배 입문 자세

1 마음의 각오와 자세

(1) 과거를 잊어버려라.
(2) 자존심을 냉동실에 보관하라.
(3) 고정관념을 버려라.
(4) 긍정적인 사고방식을 가져라.
(5) 언제나 배운다는 자세로 임하라.
(6) 언제 어디서나 앉으나 서나 도배 생각을 하라.
(7) 도배를 혼자서만 하려고 하지마라.
(8) 동료와 같이 일을 하려고 노력하라.
(9) 대인관계를 원만히 하라.
(10) 일이 생기면 서로 불러서 같이 일하는 분위기를 만들어라.
(11) 팀워크(Teamwork)를 구성하라.

2 정신자세

(1) **적극적인 자세**

　　나는 이 일을 해야만 한다. − 절실한 마음

(2) **흔들리지 않는 자세**

　　나는 이 일 외에는 다른 직업(Job)은 생각하지 않는다.

(3) **확고한 신념**

　　나는 오로지 도배만 한다.

(4) **정신통일**

　　나는 앉으나 서나 도배 생각만 한다.

(5) 프로정신 자세

나는 도배 기술자(기능사)가 되고 만다.

도배 기술을 습득하는 과정에서 제일 어려운 점이 있다면...

1. "자기 자신하고의 싸움이다." 일을 하면서는 이 생각 저 생각, 할까 말까 등의 잡생각은 금물이다. 이러한 여러 가지 생각 때문에 계획은 작심삼일(作心三日)이 되고 결국은 아무것도 이루지 못하고 세월만 보내게 된다.

2. 일은 자기가 좋아해야 되고 "일에 미쳐야 한다." 그렇지 않고는 어려운 일을 극복할 수가 없다.

3. 도배는 신용이며, 사회는 인간관계로 형성된다. "신용으로 시작해서 신용으로 끝나는 것이 도배"이다.

4. "노력해야 가능성이 있다고 생각하면 노력하라!" 노력하면 하고자 하는 일이 이루어 질 것이고, 또한 긍정적인 사고와 즐거운 마음을 가져야 정신적·육체적 건강에 이로울 것이다.

흐르는 세월에 변화무쌍하게 변해가는 세상 못지 않게 벽지 세계와 도배 세계도 나날이 변모하고 있다. 따라서 도배(塗褙) 학문과 도배 기술에 있어서 체계적인 학문의 정립과 기술의 정립이 필요한 시점이 도래되었다고 하여도 과언은 아닐 것이다.

Chapter 02 도배(塗褙)

1 도배(塗褙 · papering · とべ)

(1) 개념

종이 벽지나 실크 벽지, 특수 벽지 등의 벽지로 천장(반자 · Ceiling)과 벽(Wall), 장지문 등에 바르는 작업을 뜻한다.

> ◎ 한자풀이
> 塗 : 바를 '도', 褙 : 배접할 '배'

또한, 바탕면에 벽지(壁紙 · Wallpapering · Wallcovering)가 떨어지지 않게, 아름답게(예쁘게), 신속하게, 정확하게 시공하는 작업이다.

- 장지(壯紙) : 두 겹 또는 세 겹으로 두껍게 만든 한지로, 질기고 질이 좋다.

2 도배의 정의

도배는 "미(美)를 창조하는 예술이다."라고 정의할 수 있다. 다시 말하면, 아름다움을 만들어 내는 순수한 작업이다.

3 도배의 발전과 비전

(1) 도배의 발전

건축 문화의 발달과 건축 양식이 다양화되면서 건축 문화가 나날이 발전해 나가고 있다.

따라서 벽지도 웰빙(Well-being) 트렌드(trend)에 맞춰 질이 좋고, 인체에 무해한 벽지가 출시되었으며, 도배의 시공 방법도 발전되어 도배기능사들이 빠른 시간 내에 신속하게 시공할 수 있도록 새로운 도배 도구 및 공구들이 출시되고 있다.

(2) 도배의 비전(Vision)

건축 문화의 발전으로 아파트(APT), 연립주택, 빌라, 개인주택 등 다양한 형태의 건축물이 대량으로 신축되고 있으며, 기존의 건물도 유지 관리가 꼭 필요하기 때문에 도배의 앞날은 밝다.

그러나 도배 기술은 개인의 능력과 기량에 따라 많은 차이가 난다. 따라서 각자의 노력이 뒷받침되어야 한다. 즉 각고의 노력이 있어야 도배기능사로서의 앞날이 보장된다.

아무튼 중요한 것은 도배는 영원히 존재한다는 사실이다. 도배기능사(기술사)들이 도배 이론과 실무를 공부하고 연마하는 것을 게을리 하지 않고 꾸준히 노력한다면 비전은 있다.

어느 분야의 직업(Job)도 마찬가지겠지만 사회적인 관심과 대우를 받기 위해서는 노력하는 자세와 연구하는 자세, 그리고 협심하는 마음의 자세가 필요하다.

도배 분야는 비전이 있으며, '학문으로서의 연구'를 하는 사람들이 많이 배출되고 '체계적인 기술의 정립과 공유화' 등을 이룬다면 도배 분야에 대한 사회적인 인식이 많이 달라질 것이다.

도배에 필요한 도구

[사진 1-1] 작업등

[사진 1-2] 작업선(릴선)(위), 히터(일명 돼지꼬리)(중앙), 야간 작업등(아래)

[사진 1-3] 풀대야와 풀솔, 빡빡이솔

[사진 1-4] 각종 도배 도구(1)

[사진 1-5] 각종 도배 도구(2)

Chapter 03 도배 평수 내는 방법

1 견적을 내기 위한 노하우

도배(塗褙)를 하기 위해 견적을 낼 때의 순서는 다음과 같다.

　첫째, 도배 평수를 내고
　둘째, 주재료비 구입가에 적정 이윤을 붙여야 하고
　셋째, 부자재 구입가에 적정 이윤을 붙여야 하며
　넷째, 인건비와 식대 및 간식비와 음료수비 등을 포함시켜야 한다.

　물론 이 중에서 제일 중요한 것은 도배 평수를 낼 줄 알아야 한다는 것이다.
　도배 평수를 내는 데 있어서는 소비자의 의사표현에 따른 도배 평수 내는 법을 알아야 한다. 좀 나이가 있으신 분들은 "우리 방은 가로세로가 몇 자 몇 자입니다." 혹은 "가로세로가 몇 미터 몇 미터", "몇 센티미터"라고 표현하신다.
　이렇게 제각각인 소비자가 어떠한 방법으로 말을 하더라도 도배기능사(기술자)라면 고객의 의사표현에 따라 도배 평수를 낼 줄 알아야 하며 또한 견적도 낼 줄 알아야 한다. 만약 계산능력이 좀 부족하다면 능력을 배양하여야 할 것이다.

2 도배 평수 내는 방법

(1) APT는 평형의 2배 : 무지일 경우

　예) 15평형×2배＝30평(도배 평수)
　단, 건축연수가 오래된 주공 APT와 같이 구조가 복잡한 APT는 구조에 따라 도배 평수가 더 나올 수 있다. 이유는 벽이 많고, 유리문이 작거나 없기 때문이다.

(2) 방과 거실의 도배 색깔을 달리 선택하는 경우

① 방(천장＋벽)

가로×세로÷3.3058＝□□□□□×3.3~4배＝도배 평수

② 거실

㉠ 천장 : 가로×세로÷3.3058＝도배 평수

㉡ 벽 : 벽 둘레길이×벽 높이÷3.3058＝도배 평수

③ 천장과 벽의 도배 색깔을 달리 선택하는 경우

㉠ 천장 : 가로×세로÷3.3058＝도배 평수

㉡ 벽 : 벽 둘레길이×벽 높이÷3.3058＝도배 평수

> **●예** · 벽 둘레길이＝33.100cm(33.1m)
>
> · 벽 높이＝220cm(2.2m)
>
> 33.1m×2.2m÷3.3058＝22평
>
> · 벽 상단높이＝140cm(1.4m)
>
> 33.1m×1.4m÷3.3058＝14평
>
> · 벽 하단높이＝80cm(0.80m)
>
> 33.1m×0.80m÷3.3058＝8평
>
> ※ 3.3058를 곱하는 것이 아니고 나누는 것임.

(3) 자수법

① 자를 곱하여 1평의 자인 36자로 나누는 계산 방법이다.

6자(1평 : 36자(6자×6자))

② 공식 : 가로×세로÷36자＝도배 평수

로스(Lose)분 10%를 가산한다면

공식은 가로×세로÷36자×1.1＝도배 평수

> **●예** · 5자×7자÷36자＝0.9≒1평
>
> · 9자×12자÷36자＝3평
>
> · 11자×12자÷36자＝3.7≒4평

(4) 환산법

① 자를 cm로 환산하거나, m로 환산

② 1자＝30.3cm

> **예** · 9자×30.3cm＝272.7≒273cm
>
> · 5자×30.0cm＝363.6≒364cm
>
> · 273cm×364cm÷3.3058＝3평
>
> · 2.73m×3.64m÷3.3058＝3평

(5) 천방전법

① 천장 평수로 방 전체(천장＋벽) 도배 평수를 내는 법

② 공식 : 가로×세로÷3.3058×(3.3~4배)＝방 전체 도배 평수

> **예** · 2.73m×3.64m÷3.3058×3.3배＝10평
>
> ×3.5배＝10.5평
>
> ×4배＝12평

(6) 적산법(적산평방미터법)

① 평방미터를 곱하여 1평 3.3058로 나누는 계산 방법이다.

1.8m 1평 : 3.3058≒3.3

② 공식 : 가로×세로÷3.3058＝도배 평수

로스(Lose)분 10%를 가산한다면

③ 공식은 가로×세로÷3.3058×1.1＝도배 평수

> **예** · 400cm×300cm÷3.3058＝3.6평
>
> · 4m×3m÷3.3058＝3.6평
>
> · 440cm×360cm÷3.3058＝4.8평
>
> · 4.4m×3.6m÷3.3058×1.1＝5.3평

(7) DONA법

① Lose분 10%를 가산하여 도배 평수를 내는 방법

② 공식 : 가로×세로×3.3058＝도배 평수

예
- 400cm×300cm×3.3058＝3.9≒4평

  끝자리 5개를 버리면서 반올림한다.
- 4m×3m×3.3058＝3.9≒4평

  끝자리 1개를 버리면서 반올림한다.

③ 비고

㉠ 4m×3m÷3.3058＝3.6

㉡ ·········· 10% 가산 0.36

㉢ ····················· 3.96≒4평

㉣ 4m×3m×3.3058＝3.96≒4평

㉤ 400cm×300cm×3.3058＝396.696＝3.9≒4평

자수법과 적산법 비교설명

1. 자수법 : 자를 곱하여 1평의 자인 36자로 나누는 계산 방법이다.

   [공식]

   가로×세로÷36자＝□

   예 14×12자÷36자＝4.7평

   - 1자＝30.3cm
   - 1평＝3.3058평방미터

2. 적산법(평방미터법) : 평방미터를 곱하여 1평 3.3058로 나누는 계산 방법이다.

   [공식]

   가로×세로÷3.3058＝□

   예 환산

   14자×30.3cm＝424.2cm≒424cm

   12자×30.3cm＝363.6cm≒364cm

   ∴ 4.24m×3.64m÷3.3058＝4.7평

3 가정에서 쉽게 도배 평수를 내는 방법

(1) 적산법(천장)

① 천장 평수 : 가로×세로÷3.3＝도배 평수＋Lose분 10%

② 전체 도배 평수를 낼 때는 천장 도배 평수에 3.3~3.5배를 곱하면 전체 도배 평수를 알 수 있다.

(2) 폭수법(벽)

천장은 적산법으로 하고 벽은 폭수를 세어서 평수를 내는 방법도 있다.

일반적으로 APT는 벽 높이가 230cm(2.3m)이지만, 주택은 벽이 높을 경우 240cm (2.4m)이다. 그러므로 벽지 종류에 따라서 나오는 폭수를 미리 알고 있어야 한다.

① 합지 소폭(폭 53cm)은 한롤(1Roll · 마끼)일 경우 5폭 나옴(2평 기준).

   – 무지일 경우

② 합지 중폭(폭 65cm)은 한롤(1Roll · 마끼)일 경우 6폭 나옴(2평 기준).

   – 무지일 경우   ●예 1Roll 3평 : 65cm×15.25m

③ 합지 장폭(폭 79.5cm)은 1롤(1Roll · 마끼)일 경우 8폭 나옴(5평 기준).

   – 무지일 경우

④ 합지 광폭(폭 93cm)은 1롤(1Roll · 마끼)일 경우 7폭 나옴(5평 기준).

   – 무지일 경우

⑤ 실크(폭 106cm)는 1롤(1Roll · 마끼)일 경우 6폭 나옴(5평 기준).

   – 무지일 경우

이러한 것을 알고 폭수를 세면 도배 평수를 쉽게 알 수 있다.

●예 합지 광폭인 경우 세어서 14폭이 나오면,

   14÷7폭＝2Roll, 즉 10평이라는 것을 알 수 있다.

벽지(壁紙)

1 벽지(壁紙 · Wallpaper · Wallcovering)

(1) 벽지란?

'벽지(도배지)'는 '천장(Ceiling, 반자)과 벽(Wall), 장지문 등에서 나오는 바람을 막는 종이'라는 뜻이다. 그러나 벽지는 이러한 뜻 이외에,

① 생활 분위기의 변화

② 성격의 변화

③ 심미적(心美的) 영향 등 우리 생활문화에 많은 영향을 미친다.

(2) 글자의 표기

구 분	표 기	비 고
한글	돼배 → 도배	
한문	塗褙	종이를 벽(Wall)이나 반자(Ceiling), 장지문 등에 바르는 작업
영어	Papering	도배지(Wallpaper) 도배장이(a paperhanger)
일어	とべ · とばい	

(3) 단지(但紙)란?

단지(但紙, alone paper, single paper)는 종이가 한 겹으로 된 얇은 종이를 말한다.

> ◎ 한자풀이
> 但 : 홀로 '단', 紙 : 종이 '지'

(4) 합지(合紙)란?

합지(合紙, duples, 이중의 paper)는 종이를 두 겹으로 합하여 제조한 종이 벽지를 말한다. 이러한 벽지를 '중간 분리형 이중지, peelable'이라고 한다.

합지는 '묵은 벽지'를 제거할 때 종이의 중간이 분리되어 한 자락은 벽면에 그대로 부착되어 있고 벽지 표면은 껍질을 벗기는 것처럼 떨어지도록 되어 있다.

이를테면, 중간 분리형으로 되어 있는 벽지는 합지, 실크지, 발포지, 타일 벽지, 특수 벽지 등이 있다.

합지는 벽지 한 자락이 바탕면에 그대로 부착되어 있어 '초배지 대용'으로 활용할 수 있기 때문에 경제적이기도 하다.

(5) 실크(silk)지란?

종이 원지 위에 비닐이 코팅된 벽지를 말한다. 졸(sol)이 코팅되는 두께는 대략 0.2~0.3m/m정도이다.

참고

1. 초배지의 종류 및 규격

종 류	규 격
각 초배지	47cm×88cm
롤 초배지	110cm×22.5m
운용지	70cm×97cm
롤 운용지	97cm×17.5m
롤 부직포(T/C지)	98cm×60m
절단 부직포(T/C지·배접)	54.5cm×18.2m

2. 종이 벽지의 종류 및 규격

종 류	규 격	비 고
단지	53cm×12.5m	2평이 1롤
합지	53cm×12.5m	2평이 1롤
	65cm×15.25m	3평이 1롤
	79.5cm×20.8m	5평이 1롤
	93cm×17.75m	5평이 1롤

3. 실크(Slik) 벽지의 종류 및 규격

종 류	규 격
실크(Slik) 벽지	106cm×15.5m
발포 벽지	93cm×17.25m
	106cm×15.5m

② 벽지의 특징

벽지는 소재와 색상 그리고 디자인에서 다른 건축용 마감재보다 많은 다양성을 갖고 있다고 할 수 있다.

벽지는 실내 마감재로서 경제적인 가격과 다양한 선택의 폭을 가지고 있으며, 건물 내벽의 콘크리트, 블록이나 벽돌, 합판, MDF, 각종 보드 종류 등의 재질감으로 딱딱하거나 거칠고 찬 느낌이 드는 공간을 '부드럽고 분위기 있는 실내'로 바꾸어 준다. 또한 벽지에 실용성이 가미된 방염 벽지, 오염 벽지, 방음 벽지 등 기능성 벽지들이 생산되면서 미장 효과 이외에 실용성의 다양한 역할을 겸하고 있다.

한편 시공을 편리하게 하기 위한 기능도 많이 발달되어 있다. 재도배 시 묵은 벽지를 쉽게 떼어낼 수 있도록 벽지의 이지(裏紙)가 갈라져 쉽게 떼어지게 만든 중간 분리형(Peelable) 벽지인 실크나 합지 등의 벽지와, 완전히 떼어지는 완전 분리형(Strippable) 벽지인 필름, 시트지 등이 있다.

또한 시공을 간편하게 하기 위하여 이지 뒷면에 접착제가 도포되어 있어 바를 때 물만 칠하여 바를 수 있는 프리페이스트(Prepasted) 벽지도 있다.

• 접착 시트 : 물＋퐁퐁 3방울—FixPix 시공(유리에 시공함)

그리고 접착제(테이프의 끈끈한 성질)가 묻어 있어 바를 때 그냥 바를 수 있는 접착형 벽지인 '패브릭 벽지' 등도 있다.

참고

1. 중간 분리형 이중지(Peelable) 벽지
   : 합지, 실크지, 지사 벽지, 스트링 벽지, 한지 벽지, 발포 벽지 등
2. 완전 분리형(Strippable) 벽지
   : 직물로 배접된 비닐 벽지, 필름, 시트지 등

3 벽지의 종류

(1) 단지

① 일반 단지

② 아트지(지성지)

(2) 합지

① 일반 합지

② 엠보싱 합지

③ 아트 합지

④ 데크론 합지

(3) 실크 벽지

화려한 디자인과 특유의 고급스러움으로 대중적인 인기를 얻고 있는 벽지

(4) 발포 벽지

(5) 스트링 벽지

실을 나란히 간격을 맞추어 종이에 배접하여 만든 벽지

(6) 지사 벽지

얇은 박엽지를 실처럼 꼬아서 직기에 포(布)를 짜서 만든 벽지

(7) 타일 벽지(케미컬 타일 벽지)

(8) 입체 형광 벽지

(9) 방염 벽지

① 불에 타지 않는 난연 원자에 방염제를 입혀 만든 벽지(특수처리)

② 화재 발생시 불이 확대되는 것을 방지하고 매연 및 유독 가스 배출을 억제하여, 귀중한 인명과 재산을 보호해 준다.

※ 방염 처리 장소 : 소방법 시행령 제11조에 따름

・아파트를 제외한 건축물로서 층수가 11층 이상인 장소

・일반 숙박 시설, 관광 숙박 시설, 병원, 방송국, 촬영장, 헬스클럽장 및 운동 시설, 관람 집회 및 전시장, 노래방, 찜질방, 뷔페 식당 등

・청소년 시설(숙박 시설에 한함), 노유자 시설

(10) 한지 벽지

(11) 민속 벽지

    ① 실물 낙엽 벽지

    ② 한지 닥나무 벽지

    ③ 아크릴 창호지

    ④ 공예 한지 장판지

    ⑤ 황토 벽지

    ⑥ 각종 한지 벽지

(12) 부직포 파이텍스

    ① 일반 파이텍스 : 책상 밑에 까는 것

    ② 카펫 파이텍스 : 교회 휴게실, 사무실, 드레스숍, 대기실 등에 도배

(13) 비단 벽지

    ① 방음성 : 소리의 파장을 섬유가 흡수하여 반사를 막아 주기 때문

    ② 정전기 방지 : 순수 자연 섬유를 사용하였기 때문(자연의 건강 벽지)

    ③ 습도 조절 기능 : 실내 습도를 항상 쾌적하게 유지시키며 습도가 높을 때는 벽지가 흡수

    ④ 정신적 안정감 : 포근한 옷을 입은 것과 같은 내면적인 안정감을 유지

    ⑤ 색상 유지 : 자연산 원료로 자연적 건조를 통한 특수 염색 공법으로 생산되기 때문

    ⑥ 오염 방지 : 원사 자체에 자연적인 코팅 처리를 하였기 때문(미세한 먼지 및 오염 물질은 헝겊 및 티슈 페이퍼로 가볍게 눌러 주면 항상 깨끗함이 유지됨)

    ⑦ 방염 : 주문 사양

    ⑧ 장식물 효과를 극대화

(14) 띠 벽지(Border wallpaper)

(15) 한지 띠 벽지(10m)

(16) 지사 띠 벽지

(17) 항균 벽지(Border wallpaper)

    미생물의 서식이나 증식을 억제하여 전염성 질환을 예방하고 악취 예방, 제품 변색 방지 등(항균, 항곰팡이 기능을 가짐)

(18) 기타 수입 벽지

① 레자 벽지

② 일본 벽지

③ 네덜란드 벽지 등

4 벽지의 소재별 분류

(1) 종이 벽지

① 일반 종이 벽지 : 인쇄 벽지, 엠보스 벽지

② 코팅 벽지 : 비닐을 얇게 입힌 벽지

③ 지사 벽지 : 종이를 꼬아 실(얇은 박엽지인 화지 사용)을 만들어 섬유 직물과 같이 직기에서 원단을 짠 다음 배접지에 호부(糊付)하여 만든 벽지

④ 기타 특수 종이 벽지

(2) 비닐 벽지

① 실크 벽지 : 종이 위에 PVC(염화비닐수지) 원료로 코팅을 거친 후 무늬 인쇄와 엠보싱 가공을 한 벽지

② 발포 벽지 : 종이 위에 인쇄한 후 PVC 원료를 도포하여 발포시킨 벽지

③ 케미컬 벽지(타일 벽지) : 비닐 벽지와 만드는 방법이 같으나 코팅 가공과 발포 억제재를 사용하여 타일 문양을 만든 벽지

(3) 섬유 벽지

① 직물 벽지 : 직기에서 짠 후 종이에 배접을 거친다. 실크, 레이온, 마사, 화학사, 연사 등 모든 원사가 벽지 원료로 사용 가능하다. 자연 섬유, 화학 섬유, 특수 섬유 등을 사용할 수 있다.

② 스트링(String) 벽지 : 직물 벽지와 같이 각종 원사를 사용하여 만든 벽지

③ 부직포 벽지 : 섬유를 사용하여 만들었으나 실(원사) 상태가 아닌 섬유 원료를 직접 사용한 벽지로 플로킹 벽지(식모 벽지)와 부직포 원단을 가공한 벽지

(4) 특수 벽지

① 마직 벽지

② 지사 벽지

종이를 꼬아 만든 실(얇은 박엽지인 화지 사용)로 섬유직물과 같이 직기에서 원단을 짠 다음 배접지에 호부(糊付)하여 만든 것

㉠ 지사 벽지, 스트링 벽지 등의 특수 벽지는 두세 장 풀칠하고 바로 붙인다.

㉡ 규격 : 106cm×15.5m, 1롤 : 5평

③ 초경 벽지

식물의 잎이나 표피에서 나오는 섬유질을 자연 그대로 가공하여 만든 벽지

㉠ 마직물(麻織物) : 삼으로 짠 피륙의 총칭

㉡ 갈포 벽지

ⓐ 칡덩굴의 표피에서 나오는 섬유질의 갈저를 가지고 직기에 걸어 천처럼 짜서 만든 벽지이다.

ⓑ 이음매(쯔기)를 딸 때 벽지에 풀이 묻지 않도록 속지를 넣고 작업하여야 한다.

㉢ 삼 : 삼과의 일년초로 유라시아 온대·열대에서 재배함.

ⓐ 줄기 높이 1~3m

ⓑ 줄기 껍질은 섬유의 원료로 삼베, 어망(漁網), 포대, 밧줄 등에 씀.

ⓒ 대마(大麻), 마(麻), 화마(火麻)

– 황마 벽지 : 황마를 사용하여 재직하여 만든 벽지

– 완포 벽지 : 왕골의 잎을 쪼개어 직기에 걸어 짠 벽지

– 아바카 벽지 : 마닐라 삼을 이용해 만든 벽지

– 초경 벽지로서 기타 해초, 싸리, 죽순, 갈대, 밀집 벽지 등이 있다.

• 특수 벽지의 이음매(쯔기)를 딸 때 벽지에 풀이 묻지 않게 속지를 넣고 작업을 하여야 한다.

• 부직포 등으로 공간 초배를 할 경우에는 초배지가 터지지 않도록 하기 위해서 5cm를 겹치기 전에 속을 대고 칼질(도련)을 하여야 공간 초배지가 터지지 않는다.

(5) 목질계 벽지

① 코르크 벽지 : 굴참 나무 껍질로 성형을 하여 얇게 썰어서 배접지 위에 붙여 만든 벽지

② 무늬목 벽지 : 무늬목을 배접지에 붙이거나 쪼개어 발처럼 짜서 붙인 벽지

③ 목포(木布) 벽지

(6) 무기질 벽지

① 질석 벽지 : 질석을 고열에서 발포시켜 배접지에 접합시킨 벽지
  (돌가루가 섞여 있는 것)

② 금속박(Metalic) 벽지 : 알루미늄박 벽지

③ 유리섬유 벽지 : 유리섬유를 재직하여 배접한 벽지

(7) 기타 기능성 벽지

① 바이오 세라믹 벽지

② 벌레가 끼지 않는 방충 효과가 있는 벽지

③ 프리페이스트(Prepasted) 벽지 : 바를 때 물만 칠하여 바를 수 있는 벽지

④ 접착형 벽지(접착제 벽지) : (주)아름다운의 '포포씨 셀프 벽지', (주)빠라베에사의 'Rose Rosa', 포인트 필름, 홈 시트(Sheet)지, 영도 벽지의 '패브릭 벽지' 등

참고

1. 포인트 벽지의 유익성

포인트 벽지는 패턴 하나에 여러 가지 색상이 구비되어 있어 선택의 폭이 넓다. 최근에는 현관 입구나 거실 벽면, 주방 벽면, 안방 침대의 헤드보드 방향의 벽면, 사무실의 한 벽면, 호텔이나 레스토랑 등 여러 곳에서 용도를 다양하게 할 수 있다. 포인트 벽지는 도배를 세분화, 전문화할 수 있으며 분위기에 맞춰 개성을 살려줄 수도 있다.

또한 최근의 트렌드를 보면 벽지 생산업체에서 아트 월용 또는 포인트 월용으로 용도를 구분하여 다양한 패턴과 무늬를 선보이고 있으며, 예전에는 실크 벽지나 특수 벽지로 포인트 벽지를 개발하는 것으로 인식되었으나 요즘에는 합지도 많이 생산되고 있다.

한편 제조 기술의 발달로 디지털 프린팅으로 '전폭 벽지'도 생산되어 한 폭의 그림을 포인트 월(Point Wall)에 시공하여 벽 공간에 도배의 예술성을 더욱 더 높여줄 수 있게 되었다.

'디지털 프린팅 벽지'는 컬러나 패턴이 자연의 색상을 그대로 차입하여 매우 과감하고 감각적인 공간 연출이 가능하여 소비자들의 기호와 선택에 유익하다.

2. 포인트 벽지와 도배

지금까지 단편 일률적인 벽지 컬러와 패턴으로 도배를 하여 자칫 지루해질 수 있는 느낌을 받기도 하였다. 그러나 각기 용도별로 다른 패턴과 소재의 벽지를 선택해서 '맞춤형으로 시공'을 한다면 아주 색다른 분위기로 생활의 활력소가 될 수도 있다. 이를테면, 거실이나 부부침실, 아이들 방, 작은방, 서재, 작업실, 드레스 룸, 부엌 등 각기 용도별로 도배를 하는 방법이다.

우리는 벽면 한쪽에 포인트 벽지를 골라 특별한 나만의 공간을 만들 수도 있다. 이때 포인트 벽지는 기존 벽지보다는 조금 더 과감하고 강렬한 컬러를 선택할 수 있다.

또한 포인트 벽지의 '고르는 선택의 즐거움'은 물론 벽의 공간마다 서로 다른 분위기와 생동감과 표정을 부여하는 데 없어서는 안 될 트렌드로 생각된다. 주거 공간은 물론 사업 공간, 오피스 공간에 이르기까지 가구, 장식 꽃병, 몰딩 등과 함께 공간의 매력을 더 할 수 있는 것이 포인트 벽지라 할 수 있다.

이처럼, 포인트 벽지는 패턴(문양) 하나에 여러 가지 색상이 구비되어 있기 때문에 선택의 폭이 넓다. 또한 다양한 소재를 사용하기 때문에 독특한 하나의 예술작품이라고 할 수 있으며, 여기에 환경 친화적인 재료를 사용하기 때문에 건강까지 고려한 '기능성 제품'으로도 그 종류가 다양하다.

벽지 인테리어가 발전할 수 밖에 없는 이유는 소비자들의 관심 증폭과 소비자들의 다양한 디자인 요구, 그리고 주거 공간에 대한 고급화 경향이 결부되어 꾸준한 성장이 뒷받침되었기 때문이라 생각된다.

실내는 벽지와 바닥재의 선택만으로도 실내 인테리어의 90% 정도는 완성된다고 할 수 있다. 전체 벽지는 튀지 않는 기본 색깔로 하고 여기에 동양적인 느낌의 벽지로 거실이나 방의 한 벽면 또는 두 벽면에 포인트를 준다면 집안의 분위기는 많이 달라질 것이다.

최근에 국내에서도 수입 벽지 못지 않게 '동양적 모티브(motive·동기)'의 아름다운 벽지가 등장하고 있다. 이들의 공통점은 새나 꽃, 나비, 다마스크(Damask 무늬를 넣은 꽃 무늬, 비단 무늬, 물결 무늬 등)로 화려하고 동양적인 분위기라는 것이다. 여기에 현대적인 느낌의 스탠드를 세운다든가 하면 분위기는 살 것이다.

이처럼 최근에는 포인트(point) 벽지가 유행하면서 한 면의 벽지 무늬도 크고 무늬와 무늬 사이의 간격(repeat)도 넓다.

따라서 도배기능사 국가기술자격증 실기시험에서도 벽지 재료로 '무늬가 크고 무늬 간의 간격도 넓은 벽지'가 제시되고 있다.

5 시트(Sheet)지

집안의 분위기는 우리 생활에 많은 영향을 미친다. 시트는 우리가 가장 손쉽게 분위기를 전환시킬 수 있는 벽지이다.

(1) 시트의 뜻

① (종이) 한 장, (책의) 한 장

② 판자, 얇은 널빤지

③ 요 위에 까는 천, 홑 이불 시트

(2) 시트지의 종류

① 글라스 시트(Glass Sheet)

② 엠보 시트(Embo Sheet)

③ 패턴 시트(Pattern Sheet)

④ 데코 시트(Deco Sheet)

⑤ 데코 띠 벽지(Deco Border Wallpaper)

⑥ 무늬목 시트(Patterned Wood Sheet)

⑦ 대리석 시트(Marble Sheet)

⑧ 포일 시트(Foil Sheet)

⑨ 고광택 시트(High Glass Sheet)

⑩ 타일 시트(Tile Sheet)

⑪ 점착(粘着) 시트

(3) 글라스 시트(Glass Sheet)

① 장점

㉠ 유리창이 깨어져도 유리 파편이 시트에 붙어서 튀지 않는다.

㉡ 창문의 표정을 바꿀 수 있다.

㉢ 실내 분위기도 아늑해진다.

㉣ Wall Sheet를 붙일 수도 있다.

② 규격

㉠ 92cm×2m

㉡ 92cm×20m

㉢ 92cm×30m

③ 용도

   ㉠ 장식장 유리

   ㉡ 욕실 유리

   ㉢ 베란다 유리

   ㉣ 쇼 윈도 장식 등

④ 특징 : 자외선 차단, 스테인드 글라스 효과, 비산 방지 기능

(4) 엠보 시트(Glass Sheet의 종류)

① 장점

   ㉠ 빛을 더 부드럽고 풍성하게 만드는 간접 조명의 효과를 낸다.

   ㉡ 빛을 걸러주어 실내 분위기가 한층 부드러워진다.

   ㉢ 강화 유리의 기능을 갖고 있다.

   ㉣ 비산 방지 기능

② 규격

   ㉠ 46cm×2m

   ㉡ 92cm×2m

   ㉢ 92cm×50m

③ 용도

   ㉠ 장식장 유리

   ㉡ 욕실 유리

   ㉢ 베란다 유리

   ㉣ 쇼 윈도 장식

   ㉤ 각종 유리문

④ 특징 : 자외선 차단

(5) 패턴 시트(Glass Sheet의 종류)

유리문 장식을 위한 세련된 모노톤 패턴의 접착 시트이다.

① 장점

   ㉠ 실내 분위기를 차분하고 아늑하게 만들어 준다.

   ㉡ 외부 시선은 차단해도 빛은 차단하지 않는다.

② 규격

   ㉠ 46cm×2m

   ㉡ 92cm×2m

ⓒ 92cm×50m
　② 용도
　　　㉠ 장식장 유리
　　　㉡ 욕실 유리
　　　㉢ 베란다 유리
　　　㉣ 쇼 윈도 장식
　　　㉤ 각종 유리문
　④ 특징 : 자외선 차단, 비산 방지 기능, 한식 실내의 창문에 아주 잘 어울리는 패
　　　턴 시트 한지를 합지하여 창호지문의 따뜻하고 부드러운 느낌을 낼 수 있다.
　　　고가구가 배치된 안방이나 서재에 많이 쓰인다.

(6) 데코 시트(Deco Sheet)
　① 규격
　　　㉠ 45cm×2.7m
　　　㉡ 45cm×15m
　　　㉢ 53cm×2.5m
　　　㉣ 53cm×15m
　② 용도
　　　㉠ 벽면 장식용 : 도배 대용
　　　㉡ 소품
　　　㉢ 테이블
　　　㉣ 장식장 등의 가구류
　③ 특징 : 다양한 무늬와 색상, 더러워져도 물로 쉽게 닦아낼 수 있다.

디즈니 데코 시트

　　현대 인테리어 시트. 디즈니 만화의 주인공으로 어린이 방을 꾸미는 것으로, 주위
가 온통 그림책인 셈이다.
　　사물함이나 사진틀에도 시트를 붙여 새롭게 변신시킬 수 있다.

(7) 데코 띠 벽지(Deco Border Wallpaper)

간단한 띠만 둘러도 밋밋하고 무뚝뚝하게 느껴졌던 벽이 부드럽게 느껴지며, 새로운 분위기를 연출할 수 있다.

① 규격
- ㉠ 5.5cm×5m
- ㉡ (10.5cm, 11cm, 12cm, 13cm)×5m
- ㉢ 13cm, 17cm×5m

② 용도
- ㉠ 어린이방
- ㉡ 천장 테두리 장식용
- ㉢ 거실
- ㉣ 주방
- ㉤ 욕실
- ㉥ 업소용(장식용)

③ 시공(작업) 시 유의 사항
- ㉠ 붙이기 전에 점선을 그어 놓는다.
- ㉡ 실크 벽지인 경우 붙였다가 바로 뗄 수 있지만, 종이 벽지일 때는 붙일 때 실수하지 않도록 유의하여야 한다.

(8) 무늬목 시트(Patterned Wood Sheet)

① 장점
- ㉠ 컨트리풍 연출
- ㉡ 원목의 자연스러운 색과 결이 고스란히 살아있게 연출 가능
- ㉢ 집안이 한결 쾌적하게 느껴진다.
- ㉣ 낡은 가구나 문에 붙이면 감쪽같이 새 것이 된다.

② 규격
- ㉠ 45cm×2.7m
- ㉡ 45cm×15m
- ㉢ 45cm×2.5m
- ㉣ 92cm×30m

③ 용도
- ㉠ 옷장
- ㉡ 책장

ⓒ 장식장 등의 가구류

ⓔ 방문

ⓜ 싱크대

ⓑ 욕실

ⓢ 각종 소품류 등

(9) 대리석 시트(Marble Sheet)

① 장점

ⓐ 자연 대리석의 느낌으로 집안 분위기를 바꿀 수 있다.

ⓛ 욕실이나 부엌 등 물을 자주 쓰는 공간도 산뜻하게 꾸밀 수 있다.

② 규격

ⓐ 45cm×2.7m

ⓛ 45cm×15m

ⓒ 92cm×30m

③ 용도

ⓐ 옷장

ⓛ 책장

ⓒ 장식장 등의 가구류

ⓔ 방문

ⓜ 싱크대

ⓑ 욕실

ⓢ 각종 소품류 등

④ 특징 : 더러움이 타도 물로 쉽게 닦아 낼 수 있다.

(10) 포일 시트(Foil Sheet)

불과 열에 강한 접착 시트이다. 불을 많이 쓰는 가스 레인지 주변은 기름이 튀고 쉽게 지저분해지기 쉬운데, 포일 시트는 안으로 얇은 은박지가 한겹 더 입혀져 있어서 열에 강하고, 기름때도 쉽게 닦아 낼 수 있어 청결한 부엌의 필수품이다.

① 규격

ⓐ 45cm×2m

ⓛ 45cm×15m

② 용도

ⓐ 장식장

ⓛ 싱크대

        ⓒ 욕실의 장식장 등

(11) 고광택 시트(High Glass Sheet)

하이그로시 효과를 낼 수 있는 접착 시트이다.

① 장점

    ㉠ 청결한 주방을 꾸밀 수 있다.

    ⓛ 기름때에 절은 칙칙한 분위기를 청산할 수 있다.

② 규격

    ㉠ 46cm×2m

    ⓛ 46cm×15m

③ 용도

    ㉠ 옷장

    ⓛ 책상

    ⓒ 장식장 등의 가구류 : 각종 소품, 방문, 싱크대

    ⓔ 욕실의 장식장

    ⓜ 오디오

    ⓗ TV 등의 가전제품, 진열장 등

④ 특징 : 습기에 강하며, 긁힘 현상이 없다. 더러워져도 쉽게 닦아낼 수 있다.

    ✔ 광택을 좋아하지 않는다면 컬러 시트가 좋다. 산뜻한 색상과 매끄러운 질감으로 새로워진다.

(12) 타일 시트(Tile Sheet)

① 장점

벽면에 번거로운 공사 없이 타일 시트로 대체하면 시공이 편리할 뿐만 아니라 훨씬 경제적이다.

② 규격

    ㉠ 45cm×2.7m

    ⓛ 46cm×15m

③ 용도

    ㉠ 욕실

    ⓛ 주방

    ⓒ 베란다

(13) 점착(粘着) 시트

'차지게 붙음'이란 뜻으로, 찹쌀풀로 붙인 것처럼 찰싹 들러붙게 만든 시트. 점착 시트는 '접착'보다 훨씬 밀착된 상태를 말하며, 원래 재질인 것처럼 깜쪽같이 변신시킬 수 있다.

시트지 & 필름에 사용하는 부자재 종류 및 용도

기기명	용도
프라이머 (Primer)	기재면과 필름과의 부착력을 높이기 위해 사용하며 엣지 부위 및 굴곡 부위는 도포량을 높게 하거나 짙게 하여 사용함
브러시(붓)/ 스프레이	• 수성 프라이머는 원액 사용 • 유성 프라이머는 용제와 3 : 1 이하로 희석하여 사용
퍼티(빠데)	기재면의 못자국 등으로 인한 굴곡 부위 및 연결 부위를 매끄럽게 하기 위해 사용
샌드페이퍼	기재면의 굴곡 부위의 거친 면 상태를 개선하기 위해 사용함
플라스틱 스퀴즈(헤라)	시공 시 필름을 기재에 붙일 때 사용하며 필름내 공기 흡입 방지
헤어드라이기	모서리 및 굴곡 부위 등 작업 시 시공 부위를 전체적으로 가열하면서 사용함
재단용 칼	• 재단 시 사용 • 시공 부위에 맞게 칼질함
바늘 또는 핀	• 시공 시 생긴 큰 기포의 경우 필름을 벗기고 다시 시공 • 일부 미세 기포의 경우 바늘 또는 핀을 이용하여 구멍을 낸 후 주변을 압착하여 기포를 제거하는 데 사용

7 한지(韓紙)

(1) 한지(韓紙)란?

① 한지는 닥나무 껍데기를 벗겨 만든다.

② 때문에 나무를 베지 않고도 만들 수 있어 친환경적이다.

③ 또한 한지는 '자연 섬유'로 만들었기 때문에 폐기 때도 환경에 해를 주지 않는다.

④ 따라서 한지는 지구 환경에 조금이나마 보탬이 될 수 있는 대안이라 말할 수 있다.

(2) 한지의 장점

① 질이 아름답다.

② 친환경 웰빙 종이

  ㉠ 열과 습기를 조절

  ㉡ 먼지와 냄새를 빨아들인다.

  ㉢ 습도를 조절하여 천연 가습기 역할

③ 화학약품을 전혀 쓰지 않아 인체에 무해

④ 유독물질을 배출하지 않아 새집증후군 예방에 탁월

⑤ 원적외선 방사율이 황토보다도 높아 유해물질 제거와 항균에 효과적

⑥ 질기면서도 부드럽다.

이와 같은 한지의 장점은 웰빙 시대에 한지를 활용할 수 있는 영역이 넓다는 것을 의미한다.

(3) 한지 벽지의 종류

한지는 천천히 말리면서 두루 살피는 작업이 필요하다. 한지는 삶은 닥나무 속껍질로 떠낸 숨쉬는 종이로 천장에, 벽에, 문에 발라진 채 실내의 습도를 조절해 한옥 역시 숨쉬는 집이 되는 것이다. 그래서 최근에는 한옥 도배를 대안으로 찾는 아파트 거주자들이 늘어나고 있다.

① 닥나무 표피

② 훈민정음(상평통보) : 작은 글씨, 큰 글씨

③ 황토 닥나무 표피

④ 운용 무늬(파스텔톤)

⑤ 닥나무 표피(스트라이프)

⑥ 닥나무 표피(파스텔톤)

⑦ 코스모스잎 : 실물 낙엽

⑧ 대나무잎 : 실물 낙엽

⑨ 단풍나무잎 : 실물 낙엽

⑩ 은행나무잎 : 실물 낙엽

(4) 전통 한지(고급 수록지)의 종류

① 순지(수록지) : 63cm×93cm – 낱장 : 1축(200장)

② 순지대발(수록지) : 3자×6자 – 낱장

③ 쑥잎 한지 : 63cm×93cm － 낱장

④ 크로바 한지 : 63cm×93cm － 낱장

⑤ 국화꽃잎 한지 : 63cm×93cm － 낱장

⑥ 왕겨 한지 : 63cm×93cm － 낱장

⑦ 볏짚 한지 : 63cm×93cm － 낱장

⑧ 닥피지(배접) : 63cm×93cm － 낱장

　　　　　　　　　73cm×145cm(대발) － 낱장

⑨ 상형문자 : 63cm×93cm － 낱장

(5) 한지 썬팅지

① 사군자(매화, 난초, 국화, 대나무) : 90cm×30m / 1Roll － 접착제 함유

　　　　　　　　　　　　　　　　80cm×1m / 낱장 － 접착제 함유

② 한지 운용 무늬 : 1m×30m / 1Roll － 비접착

(6) 한지(아크릴) 창호지

창틀에 바른 창호지는 공기 속 '먼지와 냄새'를 빨아들이고 습도를 조절하는 '천연 가습기' 역할을 한다.

① 아크릴 창호지 : 98cm×10m(15m) / 1Roll

② 천 창호지 : 98cm×20m / 1Roll

③ 한지 합지 : 98cm×50m / 1Roll

④ 아크릴 패널 : 아크릴 칼로 재단

　　ㄱ 1mm　　　3자×6자

　　　　　　　　4자×8자

　　ㄴ 2mm　　　3자×6자

　　　　　　　　4자×8자

　　ㄷ 3mm　　　3자×6자

　　　　　　　　4자×8자

　　ㄹ 5mm　　　3자×6자

　　　　　　　　4자×8자

(7) 장판지

① 한지를 여러 겹 붙여 '들기름'을 먹인 것

② 장점 : 온돌 바닥에서 올라오는 '열과 습기'를 조절

(8) 닥나무 공예 장판지

① 닥나무 공예 한지 장판 : 대 특각 85cm×107cm – 낱장

② 공예 한지 장판 : 특각 85cm×107cm – 낱장

③ 대나무 공예 한지 장판 : 특각 85cm×107cm – 낱장

(9) 한지 제품

한지 개발의 가능성이 확인되면서 많은 제품이 시장에 나오고 있다.

① 냅킨

② 일회용 가운

③ 마스크

④ 플라스틱 대체품

⑤ 기저귀

⑥ 한지 스피커

    ㉠ 한지의 떨림을 이용

    ㉡ 원음을 완벽하게 재생

⑦ 디지털 전용 출력 한지 : 고해상도로 선명하게 인쇄

⑧ 블라인드

    ㉠ 빛을 많이 받아들이고 직사광선을 적게 들인다.

    ㉡ 인테리어 제품으로 인기

⑨ 한지 인화지

⑩ 한지 조명 등

한지 산업이 영세성을 면치 못하고 있는 것이 사실이나 대학 등에서 꾸준히 연구하고 있어 멀지 않아 많은 발전과 성과가 있을 것으로 보인다.

• 2007년 11월 : 일본 오사카 한국 문화원에서 '한지 전시회'가 성황리에 열렸다.

• 한지는 21세기에 경쟁력이 있어, 또 하나의 수출 품목으로 자리 잡을 것이다.

Chapter 05 도배 시공

1 시공의 기본 용어 및 도구

(1) 같은 의미로 통하는 용어들

① 틈막이 초배＝보수 초배＝네바리(ねばり)

② 공간 초배＝갓둘레 붙임

③ 밀착 초배＝베다 초배＝온통풀칠 초배

④ 물바름 방식＝미쯔바리(みつばり・Misbary)＝봉투바름＝이중풀칠

⑤ 반자틀＝몰딩(Moulding)

⑥ 풀솔＝풀귀얄

⑦ 마른솔＝다듬솔＝정배솔＝도배솔

⑧ 딱솔＝빡빡이솔＝이중풀칠솔＝장판솔＝짧은 솔

⑨ 재단칼＝시공칼

⑩ 재단자＝전반자＝도련자

⑪ 받침대＝밑자＝재단판

⑫ 바닥긁기칼＝쇠헤라

⑬ 참대주걱＝헤라

⑭ 굽지＝굽돌이＝걸레받이＝하바기(はばぎ)

⑮ 잠재우기＝숙성＝숨죽이기＝노바시(のばし)＝Soaking time

⑯ 온통풀칠＝베다(べた)＝찰싹＝똥칠

⑰ 연필선 긋기＝히로시(ひろし)

⑱ 이음선＝맞물림선＝하구찌(はくち)＝맞대음선

⑲ 이음매 따기＝맞물림 따기＝쯔기(つき) 따기

⑳ 풀그릇＝대야＝다라이(たらい)

㉑ 하자보수, 재손질＝데나오시(てなおし)

(2) 주요 용어 해설

① 틈막이 초배(보수 초배 · 네바리(ねばり))란?

합판이나 석고 보드의 이음새나 벽면에 틈(크랙)이 발생한 면에 초배하는 것을 뜻한다.

ⓐ 원리 : 틈이 생기면 틈 속에서 바람이 새어 나오는데, 이 새어 나오는 공기를 벽지 속에서 원활히 소통하게 하여 벽지가 터지지 않도록 하기 위함이다. 만약 틈이 생겼는데 틈막이 초배를 하지 않는다면 갈라진 벽의 틈 사이로 바람이 새어 나와 벽지는 터진다.─일정기간 경과 후

ⓑ 틈막이 초배 방법

ⓐ 초배지를 속지와 겉지로 재단한다.

ⓑ 겉지에 풀칠하고 속지를 겉지 위에 올려놓는다.

ⓒ 그러면 풀칠이 안 된 속지 속에서 공기가 소통하여 벽지가 터지지 않는다.

② 공간 초배란?

ⓐ 공간을 띄워서 초배한다는 뜻이다. 보수 초배로 확대 해석하면 안 된다.

ⓑ 한지 장판지 시공 시에도 공간 초배를 한다. 다시 말하면 공간에는 풀칠이 되어 있지 않은 초배를 말한다.

③ 밀착 초배란?

초배지 또는 운용지에 전면 풀칠하여 바탕면에 바르는 것을 뜻한다.

④ 물바름 방식이란?

　　㉠ 이중풀칠 또는 미스바리(みすばり・Misbary)라고도 한다.

　　㉡ 벽지 테두리(가장자리)는 된풀칠하고 벽지 속은 물칠하는 것을 뜻한다.

　　㉢ 물바름 방식으로 도배를 하는 이유

　　　　ⓐ 바탕면이 좋지 않을 때

　　　　ⓑ 공기소통을 원활하게 하기 위해서

　　㉣ 물바름 방식의 장점

　　　　ⓐ 재료비가 절감된다.

　　　　ⓑ 시공 시간의 단축

　　　　ⓒ 바탕면을 보완

⑤ 균등 분할이란?

　　바탕면의 치수를 재고 벽지를 잰 치수에 맞게끔 벽지를 분할하여 재단하고 시공하는 것을 뜻한다.

② 도배지(塗褙紙)에 따른 단계별 시공

 주의사항

도배지 종류에 따른 시공 방법

1. 종이 벽지 : 밀착 초배 후 정배
2. 실크 벽지 : 틈막이 초배(보수 초배)+심걸이
　　풀칠은 물바름 방식(미쯔바리·이중풀칠) 또는 온통풀칠
3. 특수 벽지 : 롤 부직포+심걸이(기둥걸이. 운용지 1/2 사용)
　　풀칠은 물바름 방식(미쯔바리·이중풀칠) 또는 온통풀칠
　　① 지사 벽지
　　② 마직 벽지
　　③ 갈포 벽지 등
　　　※ 최근엔 특수 벽지가 출제되지 않기도 한다.

(1) 단지·합지 시공 방법

제1단계 : 기초 작업(밑 작업)

① 게링 작업
- ㉠ 신축 건물
- ㉡ 기존 건물 : 뜯기 작업

② 틈막이 초배 작업
- ㉠ 속 네바리 : 속지 넣는 것
- ㉡ 홀 네바리 : 양쪽 갓면만 풀칠하는 것
- ㉢ 물 네바리 : 물에 적시는 것

③ 전기 기구 철거 : 기존 건물

④ 기존 바닥재 굽돌이 절단 작업 : 바닥 교체 시

제2단계 : 치수 재기와 재단 작업

① 치수 재기
- ㉠ 방 천장
- ㉡ 방 벽
- ㉢ 거실 천장
- ㉣ 거실 벽

② 재단 작업
- ㉠ 천장 재단
- ㉡ 벽 재단

제3단계 : 풀칠 작업

① 풀칠 방법 : 온통풀칠

② 풀칠한 벽지의 보관 방법 : 비닐봉투에 넣어서 공기가 들어가지 않도록 한다.

③ 도배지 접기
- ㉠ 맞 접기(2/3 접기)
- ㉡ 치마 주름 접기(주름 접기)

제4단계 : 도배 작업

① 도배를 하기 위한 도구 준비

② 천장(Ceilling · 반자) 시공

③ 벽(Wall) 시공

제5단계 : 마무리 작업

① 기능사 : 시공에 하자 발생 우려가 없는지 점검

② 보조자 : 주변 정리 및 도구 정리

③ 인사말 준비

(2) 실크(Silk)지 시공 방법

제1단계 : 기초 작업(밑 작업)

① 게링 작업

㉠ 신축 건물 : 핸디 작업(퍼티 작업)

㉡ 기존 건물 : 뜯기 작업

② 틈막이 초배 작업

㉠ 기 네바리 : 짧은 네바리

㉡ 긴 네바리 : 기다란 네바리

㉢ 초배 작업 : 이음 초배, 보수지(심) 작업, 갓둘레 작업(빵빵이 작업)

③ 전기 기구 철거 작업

④ 기존 바닥재 굽돌이 절단 작업 : 바닥 교체 시

⑤ 보양(커버링) 작업

⑥ 핸디(Handy · Putty) 작업

제2단계 : 기둥심걸기 작업

① 부직포(T/C지) 치수 재기와 재단

㉠ 천장(Ceiling · 반자)

㉡ 벽(Wall)

② 부직포(T/C지) 풀칠하기

㉠ 천장(Ceiling · 반자)

㉡ 벽(Wall)

③ 부직포(T/C지) 접기

㉠ 천장(Ceiling · 반자) : 치마 주름 접기로

㉡ 벽(Wall)

④ 부직포(T/C지) 걸기 작업

㉠ 천장(Ceiling · 반자)

㉡ 벽(Wall)

⑤ 운용지 · 붙이기
　　㉠ 풀칠
　　㉡ 접기

제3단계 : 치수 재기와 재단 작업

① 치수 재기
　　㉠ 방 천장
　　㉡ 방 벽
　　㉢ 거실 천장
　　㉣ 거실 벽
② 재단 작업
　　㉠ 천장 재단
　　㉡ 벽 재단

제4단계 : 풀칠 작업

① 풀칠
　　㉠ 온통풀칠
　　　　ⓐ 풀솔풀칠 방법
　　　　ⓑ 바가지풀칠 방법
　　㉡ 이중풀칠

제5단계 : 도배 작업

① 실크지 도배 도구 : 칼받이, 퍼티(Putty)칼, 롤러(Roller · 도르래), 탄창, 실리콘 총(Silicone gun) 등
② 천장(Ceiling · 반자) 도배
③ 벽(Wall) 도배

제6단계 : 마무리 작업

① 기능사 : 시공에 하자 발생 우려가 없는 지 점검
　　㉠ 맞물림선(하구찌)이 벌어지지 않았는지?
　　㉡ 우는 곳은 없는지? 등
② 보조자(대모도 · 시다) : 주변 정리 및 도구 정리
　　㉠ 버려지는 벽지는 주어서 쓰레기 봉지에 넣는다.
　　㉡ 주변을 깨끗이 정리한다.
　　㉢ 도배 도구를 깨끗이 씻는다.

ⓐ 모든 작업이 끝나면 고객에게 인건비와 재료비를 받고 인사한다.

ⓑ 도배 시공에 이상(하자)이 있을 경우를 대비해 연락처를 남긴다.

(3) 글라스 시트(Glass Sheet) 시공 방법

글라스 시트는 유리창이 깨어져도 유리 파편이 시트에 붙어서 튀지 않고, 실내 분위기도 아늑해지며 창문의 표정도 바꿀 수 있다.

준·비·도·구

① 칼
② 줄자
③ 밀대(스퀴즈)
④ 마른 수건
⑤ 자
⑥ 분무기(스프레이 건 · Spray Gun)
분무기에 200cc 정도의 물에 서너 방울의 중성 세제(퐁퐁, 자연퐁, 퓨어 등의 세제)를 탄 수용액을 넣어 준비한다.(창문용 Fixpix의 경우)

제1단계 : 치수 재기와 재단하기

① 시공면의 치수를 잰 후 실제 크기보다 2cm 정도의 여유를 두고 재단한다.

② 단, 면에 따라 2cm 이상의 여유를 두고 재단할 수도 있다.

제2단계 : 유리창 닦기

① 유리면에 붙은 먼지 및 기름기 등을 깨끗이 닦아낸 후 미리 준비한 수용액을 충분히 뿌린다.

② 벗겨낸 이면지 양면에도 고루 분무하여야 한다.

제3단계 : 시트 붙이기

① 시트의 무늬와 유리창이 수평을 이루도록 위치를 손으로 가볍게 고정시키며 위에서 아래로 붙여나간다.

② 시공면과 시트의 점착면 사이에 공기가 들어가지 않도록 유의한다.

제4단계 : 밀대로 밀기

밀대(스퀴즈)를 이용하여 붙이는 과정에서 안에 갇힌 기포와 수용액을 바깥쪽으로 밀어낸다.

제5단계 : 기포 빼기

미처 빼내지 못한 기포는 바늘이나 칼끝을 이용하여 시트의 표면에 칼집을 낸 후 제거한다.

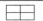

제6단계 : 마무리

가장자리에 여분의 시트는 칼과 자 또는 헤라를 이용하여 잘라내고 마른 수건을 사용하여 물기를 제거한다.

(4) 시트지 시공 방법

시트는 스티커처럼 이면지를 떼어내고 시공할 수 있어 가정에서 이용하기에 편리하다.

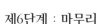

① 사포(샌드페이퍼)
② 프라이머
③ 바인더
④ 터치(+일회용 부탄가스) 또는 드라이기
⑤ 핸디(+핸디칼 · 퍼티칼)

제1단계 : 시공면 닦기

① 먼지 및 기름기 제거
② 튀어 나온 이물질 제거

제2단계 : 치수 재기와 재단하기

시공면의 치수를 잰 후 면 상황에 따라 실제 크기보다 1~2cm나 그 이상의 여유를 두고 재단한다.

제3단계 : 이면지 떼기

이면지를 5~8cm 정도만 먼저 떼어내어 맞추어 붙인 다음 남은 이면지를 조금씩 떼어가며 붙인다.

제4단계 : 붙이기

시공면과 시트의 점착면 사이에 공기가 들어가지 않도록 유의하며 중심부에서 바깥쪽으로 눌려주며 붙인다.

제5단계 : 기포 빼기

붙이는 도중에 갇힌 기포는 시트를 조심스럽게 다시 떼어내 밀대(스퀴즈)를 사용하여 바깥쪽으로 밀어낸다.

제6단계 : 마무리

가장자리는 칼과 자 또는 칼받이나 삼각 헤라를 이용하여 깔끔하게 마무리한다.

1. 낮은 온도(5℃ 이하)에서 시공하면 점착력이 떨어질 수 있다.
2. PVC 재질(FixPix)은 수축이 일어날 수 있으므로 이음 부분은 1~2mm 정도 겹쳐 붙인다.
3. 시공면의 요철(울퉁불퉁한 바탕면)은 샌드페이퍼(사포)를 이용하거나 퍼티(빠데)로 매끄럽게 기초 작업을 해준다. 모서리나 곡면 부위는 프라이머로 작업 처리하여 점착력을 높여준다.
4. 크게 재단된 시트지는 이면지를 한번에 많이 벗겨 내면 서로 엉겨붙을 수 있으므로 조금씩 벗겨 내면서 시공하여야 한다.

(5) 시트 띠 벽지 시공 방법

제1단계 : 표시하기(연필 선 긋기)

시트 띠를 붙이기 전에 미리 전체적인 수평을 맞추어 표시를 하여 둔다.

제2단계 : 이면지 떼고 붙이기

먼저 약 10cm 정도의 이면지만 떼어낸 후 띠(벽지)를 표시한 위치에 줄을 맞추어 붙인 다음 나머지 이면지를 조금식 벗겨내며 부착한다.

제3단계 : 마무리

부드러운 천 ┐
깨끗한 천 ├ 으로 표면을 문지르면서 마무리한다.
목장갑 낀 손 ┘

(6) 접착식 벽지 시공 방법

접착식 벽지는 벽지 도배와 달리 어려운 풀 배합과 풀칠을 하는 작업 과정을 생략할 수 있어, 시공 시간을 단축할 수 있고 시공도 쉽게 이루어질 수 있어 시공 방법을 배운다면 누구나 손쉽게 시공이 가능하다.

준·비·도·구

① 커터 칼
② 줄자
③ 자
④ 터치(작업 드라이기)
⑤ 밀대(스퀴즈 · 플라스틱 주걱 · 양모헬트)
⑥ 수성 프라이머(물과 프라이머 혼합 비율 1 : 1)
⑦ 붓(수성 프라이머 붓)
⑧ 샌드페이퍼(사포)

제1단계 : 기초 작업(밑 작업)

시공할 면을 평평하게 하고 깨끗하게 정리하여야 한다.

① 먼지 및 이물질을 제거한다.

② 하자 발생이 우려되는 면은 사전에 예방 작업을 한다.

③ 수성 프라이머는 물과 비율을 1 : 1로 섞어서 시공할 면에 발라준다.

　　㉠ 바른 후에는 완전히 건조시켜야 한다. (30분~1시간 정도)

　　㉡ 건조시키는 이유는 특히 모서리나 가장자리가 울거나 부분적으로 떨어지는 현상을 미연에 방지하기 위해서이다.

④ 시멘트면인 경우 게링(galling ; 평탄하게 하다. 벗기다) 작업을 한 후 수성 프라이머를 발라준다.

⑤ 페인트면인 경우 샌드페이퍼(사포)로 샌딩한 후 수성 프라이머를 발라준다.

⑥ 이외의 면에는 모서리나 가장자리만 수성 프라이머를 발라준다.

제2단계 : 치수 재기와 재단

시공면의 치수를 약 2cm 정도 여유를 두고 재단한다.

제3단계 : 붙이기

① 이면지를 약 5~8cm 정도만 먼저 뗀다.

② 한쪽 옆 면을 보면서 수직으로 비뚤어지지 않게 맞추어 붙인다.

③ 조금씩 벗겨가면서(떼어가며) 중심부에서 양옆으로 펴준다는 기분으로 밀대(스퀴즈)로 밀어준다.

　• 작업 시에는 울거나 기포가 생기지 않도록 한다.

기포가 생긴 경우

1. 조심스럽게 다시 떼었다가 붙인다.
2. 칼끝이나 바늘로 표면에 칼집을 낸 후 기포를 제거한다.
   울거나 찢어질 수 있기 때문에 가능한 떼었다 붙였다를 삼가야 한다.

제4단계 : 칼질하기

칼받이를 이용하여 매끈하게 칼질한다.(2mm 사용)

제5단계 : 마무리

작업 현장을 깨끗하게 정리한다.

주의사항

1. 낮은 온도(5℃ 이하)에서 시공하면 점착력이 떨어질 수 있다.
2. PVC 재질(FixPix)은 수축이 일어날 수 있으므로 이음 부분은 1~2mm 정도 겹쳐 붙인다.
3. 시공면의 요철(울퉁불퉁한 바탕면)은 샌드페이퍼(사포)를 이용하거나 퍼티(빠데)로 매끄럽게 기초 작업을 해준다. 모서리나 곡면 부위는 프라이머로 작업 처리하여 점착력을 높여준다.
4. 크게 재단된 시트지는 이면지를 한번에 많이 벗겨 내면 서로 엉겨붙을 수 있으므로 조금씩 벗겨 내면서 시공하여야 한다.

(7) 필름(Film) 시공 방법

준·비·도·구

① 플라스틱 스퀴즈, 양모 스퀴즈
② 줄자
③ 헤어 드라이기
④ 쇠자
⑤ 재단용 칼 · 커터 칼
⑥ 천(컬레)
⑦ 폴리 퍼티(빠데)
⑧ 샌드페이퍼
⑨ 청소용제 : 알코올, 래커, 시너 등
⑩ 브러시 : 유기용제 도장용

시공 전 사전 작업

① 기재면 처리

㉠ 필름은 평탄한 소지면에서 최상의 접착력을 발휘할 수 있다.

㉡ 표면에 오염된 부위는 필름과의 부착력 등을 저하시키므로 알코올 또는 래커, 시너를 적신 천으로 묻은 먼지나 기름 등의 오염 물질을 제거한다.

ⓒ 표면의 요철부는 그라인더나 샌드페이퍼 등으로 매끄럽게 연마한다.

ⓔ 스폿 용접 등으로 발생한 돌출 부위는 폴리퍼티로 메꾸고 180번 이상의 샌드페이퍼를 사용하여 기재면을 매끄럽게 손질해 준다.

ⓜ 합판, PBC, MDF 등 인테리어 목질 소지면 시공 시에는 목질 소지면 조립 시 사용된 피스나 타카 등의 자국을 퍼티 등으로 충분히 평탄해지도록 사전 전처리 작업을 한다.

ⓗ SUS, 갈바(Zinc Metalizing), 알루미늄 등의 비철금속 소지면, 도장강판(PCM이나 분체) 등의 금속 소지면 작업 시에는 접착력 향상 및 평활도를 고려하여 녹, 기름 및 용접 자국을 점검하여 사전에 충분히 제거 작업 및 정지 작업을 하여야 한다.

ⓢ 석고 보드면 작업 시의 이음부 처리 시 사용되는 콤파운드나 테이프에 대한 충분한 평활도를 사전에 확보하여야 하며, 일부 시공 시 적용되는 피스나 타카에 대해서도 퍼티로 평활도를 확보하여야 한다.

② 시공단 확인 및 제품 재단

㉠ 제품은 동일 색상 및 동일 Lot 제품으로 시공하여야 한다.
동일 생산일자라도 Lot가 다를 수 있음에 주의하여야 한다.

㉡ 필름과 프라이머는 시공 24시간 전에 시공 장소에 보관하고, 시공 전 24시간부터 시공 후 48시간은 18℃의 실내 온도 이상을 유지해야 한다.

㉢ 이면에 인쇄된 재단선은 시공 참조용으로 실측값과 다를 수 있으므로 정확한 재단을 위해서는 줄자와 같은 도구를 사용하여야 한다.

㉣ 접착면의 치수보다 4~5cm의 여유를 두고 재단한다.

제1단계 : 사전 작업

① 게링 작업

② 프라이머 작업

㉠ 기재에 인테리어 필름 전용 프라이머(Primer)를 자국이 생기지 않도록 균일하게 도포한다.

㉡ 스프레이 또는 붓을 사용하며, 반드시 수성 프라이머는 원액을 사용하고, 유성 프라이머는 용제를 3 : 1 이하의 비율로 희석하여 사용한다.

제2단계 : 치수 재기와 재단

① 치수 재기 : 시공하고자 하는 기재의 접착면의 치수를 측정하고 필요한 수치보다 여유를 둔다.

② 재단 : 여유있게 치수 재기(측정)한 것을 재단한다.

제3단계 : 시공

① 피착면의 상단 : 필름의 이형지를 5~10cm를 떼고 붙여서 전체적인 중심을 맞춘다.

② 이형지 벗겨 내기 : 전체적인 중심을 맞춘 다음 이형지를 벗겨 내면서 스퀴즈를 중앙 부위부터 압착시키며, 동일 방향으로 좌우로 압착시켜 나간다.

③ 기포 작업 : 작업 중 기포가 생길 경우 필름을 벗기고 다시 스퀴즈로 눌러가며 시공하고, 작은 기포는 핀이나 바늘 또는 칼 끝으로 구멍을 낸 후 주변을 압착시켜 공기를 빼어낸다.

④ 드라이기 작업

　㉠ 기온이 10℃ 이하의 경우 드라이기로 시공 부위를 전체적으로 가열하면서 접착한다.

　㉡ 모서리 또는 곡면 시공의 경우 전체적으로 균일하게 가열시킨 후 주름이나 기포가 생기지 않도록 잡아당기면서 스퀴즈로 접어 붙인다. 단, 부분적으로 가열 시 제품에 변형이 생길 수 있으므로 주의하여야 한다.

　• 필름 방향을 다르게 시공할 경우 색상이 다르게 보일 수도 있다.

주의사항

시공 전 각 부자재에 표시된 안내사항을 반드시 읽어보고 정확한 사용 방법과 주의사항을 이해한 후 제품을 사용하여야 한다.

1. 보관 및 운반 시

① 제품은 포장박스채로 눕혀서 보관하고, 사용하고 남은 잔량도 가급적이면 박스에 넣어서 보관하여야 한다.

② 필름 및 프라이머는 그늘진 장소에 보관하고, 수성 프라이머는 동절기에 동결되지 않도록 유의하여야 한다.

2. 시공 시

① 유성 프라이머는 유기용제가 함유되어 있어 일정량 이상 흡입 시 중독이나 환각 증상이 발생할 수 있으므로 냄새를 맡거나 먹지 말아야 한다.

② 유성 프라이머 및 청소용제에는 가연성 유기용제가 함유되어 있으므로 화기(인화)에 주의하여야 한다.

③ 시공 시에는 시공용 장갑을 착용하고 시공하여야 한다.

④ 프라이머 작업 시에는 충분히 건조시킨 후 시공하여야 한다.

⑤ 제품 표면에 먼지, 물, 기름 등 이물질이 있을 경우 오염될 수 있으므로 즉시 제거하여야 한다.

⑥ 어두운 장소에서의 시공은 기포 및 오염 등을 확인하지 못할 수 있으니 보조 조명 등을 사용하여야 한다.

(8) 한지 도배 시공 방법

제1단계 : 초벌 도배

① 맨 벽에 한지를 밀착시킨다(붙인다).

② 초벌 도배는 1~2번

제2단계 : 띄어 바르기(공간 초배)

① 띄어 바르기를 하는 이유 : 한지 전체에 풀칠을 하여 붙이면 벽면의 고르지 못한 부분이 그대로 드러나기 때문에 그러한 것을 커버(방어)하기 위해서이다.

② 띄어 바르기를 하면,

　　㉠ 가장자리만 풀을 바르면 풀이 마르면서

　　㉡ 한지 전체를 당겨주어 한지가 반듯해지고

　　㉢ 벽면의 울퉁불퉁한 부분은 드러나지 않고 아름답게 보인다.

　　㉣ 맨 벽의 딱딱한 질감이 사라지고 푹신푹신한 느낌을 주어 안락한 분위기가 조성된다.

　　㉤ 차가운 바깥 바람을 막아주어 따뜻한 방안 온도를 유지한다.

③ 띄어 바르기는 같은 방식으로 한지를 2~3번 덧 바른다.

제3단계 : 한지 벽지 도배(시공)

이렇게 초벌 도배와 띄어 바르기를 한 다음 한지 벽지를 도배하는 '정성'이 필요하다. 최근에는 초벌로 얇은 종이를 한 번 바른 뒤 벽지를 도배하는데 이렇게 하면 시멘트에서 나오는 성분에 의해 종이가 쉽게 삭아버리는 경우가 생길 수 있다.

제4단계 : 코팅

한지 벽지를 도배한 뒤에는 '해초 끓인 물을 벽지에 바르거나', '우뭇가사리 끓인물'을 발라주는 코팅 과정을 거치면 한지 도배 작업(시공)이 완료된다. 코팅 과정을 거치는 이유는 벽지의 보푸라기를 없애고 먼지가 않는 것을 막기 위해서이다.

1. 한지 도배 시공 시

① 한 번 바르고 풀이 마를 때까지 행여 한지가 터지거나 상하지 않는지 돌보는 과정을 반복한다.

② 전통 한지 도배의 핵심은 '기다림'이다.

③ 도배가 끝난 한옥 방은 온기가 돌면서도 통풍이 잘 되는 친환경 공간이 된다. 또한 한지의 색감은 오래도록 자연스럽게 유지된다. 하지만 요즈음은 이런 방식을 사용하는 경우가 거의 없으며, 한옥 도배도 한지 대신 '부직포(T/C지)'를 사용하는 경우가 많다.

④ 벽지는 초배를 하고 초배지가 마르기 전에 종이 벽지를 바르지만, 한지 도배는 '빨리 빨리'가 없다. 벽에 초벌 한지를 바른 뒤 풀이 마르기 전에 한지를 덧바르면 곰팡이가 생길 수 있기 때문이다.

⑤ 한지 장판도 마찬가지이다. 초벌 한지가 마르기 전에 장판지를 바르면 같은 현상이 일어난다.

2. 한지 장판 깔기 전

① 바닥에 한지 장판을 깔기 전에도 한지를 바른다.

② 요즈음은 장판 위에 니스를 칠하는 경우가 많은데, 공기가 통하지 않아 한지가 숨을 쉬지 못한다. 이를테면 바닥에 유리를 깐 형국이다.

③ 전통 방식은 공기가 잘 통하면서 장판을 보호해 주는 '콩댐'이다.

④ '콩물과 들기름'을 섞은 액체를 발라야 바닥이 숨을 쉬고 자연스럽게 윤이 난다.

③ 현장 상황에 따른 도배 시공 유형

(1) 기존 건물의 경우 합지 도배의 시공 유형

① 뜯어내야 할 부분만 뜯어내고 틈막이 초배(보수 초배) 및 일부 초배지 작업을 하고 시공

② 기존 벽지가 데크론 합지, 실크, 기타 특수 벽지로 시공되어 있을 경우에는 뜯어내고 기초 작업(밑 작업)을 하고 시공

③ 틈막이 초배(보수 초배)는 틈(크랙 · Crack)이 있는 부분에 하는 기초 작업임.

(2) 새 건물의 경우 도배의 시공 유형

① 틈막이 초배(보수 초배)만 하고 시공

② 틈막이 초배(보수 초배)와 초배지 작업을 하고 시공

③ 바탕면이 좋지 않은 경우에는 롤 부직포를 가로로 붙이고 도배

④ 바탕면이 좋지 않은 경우 한두 폭 정도는 이중풀칠하여 도배

(3) 실크(Silk)지 도배의 시공 유형

① 온통풀칠로 시공하는 경우

　　㉠ 시멘트(모르터) 벽면에 초배 작업 없이 온통풀칠하여 도배

> **[부연설명]**
>
> 이러한 유형의 시공은 임대 상가나 임대 주택 등 시공비 절감 차원에서 시공하는 것으로 벽의 바탕면의 상태가 양호한 경우 가능하다.

　　㉡ 틈이 생긴 부분(Crack)에는 틈막이 초배(보수 초배) 작업을 하여야 한다.

　　㉢ 각 초배지 또는 롤 초배지(Roll lining paper)로 초배하고 온통풀칠하여 도배

> **[부연설명]**
>
> 보온 및 시멘트 독성, 예방, 벽지의 들뜸 방지 등의 차원에서 초배 작업을 한다.

　　㉣ 바탕면에 핸디 작업(퍼티 작업)을 한 뒤, 롤 운용지로 초배하고 온통풀칠하여 도배

> **[부연설명]**
>
> 고급 벽지(레자 벽지 등)로 도배할 때 기초 작업(밑 작업)을 하는 것으로 인해 인건비가 많이 들어 견적가가 높게 책정된다.

② 이중풀칠(물칠＋된풀칠)로 시공하는 경우

　　㉠ 운용지로만 기둥심걸기 작업을 하고 이중풀칠하여 도배

　　　갓둘레(벽면의 가장자리)는 운용지를 재단하여 초배함.

　　㉡ 운용지로 공간 초배지(겉지와 속지, 후꾸루ㆍ초배) 작업을 하여 기둥심걸기 작업을 하고 이중풀칠하여 도배

　　　ⓐ 보수 초배는 기 네바리로 한다.

　　　ⓑ 가장자리는 운용지 또는 봉투 네바리(봉투 뺑뺑이)로 기초 작업을 한다.

　　㉢ 절단된 부직포 작업 : 절단된 부직포(폭 55cm)로 천장 밑벽의 바탕면에 기둥을 걸어 운용지로 덧씌우고 이중풀칠하여 도배

운용지   부직포(폭 55cm)   106cm

[부연설명]

바탕면이 아름답지 못한 벽면에 시공하는 방법으로 몇 가지 장점이 있다.

① 바탕면을 감추어 줄 수 있다.

② 공기의 순환을 돕는다.

③ 시멘트 독성이 나오는 것을 예방할 수 있다.

④ 냉온 효과가 있다.

주지사항

1. 시공의 어려움이 있어 많은 숙련이 필요하다.

   – 풀칠 및 도배

2. 보수 초배는 기 네바리로 한다.

   ① 기 네바리 : 네바리 길이가 짧은 것

      – 이중풀칠 도배시

   ② 긴 네바리 : 네바리 길이가 긴 것

      – 온통풀칠 도배시

3. 바탕면의 가장자리는

   ① 운용지를 재단하여(폭 약 15cm) 갓둘레(일명 뺑뺑이)를 돌리어 벽지의 접착력을 돕는다.

   ② 봉투 네바리(봉투 뺑뺑이)로 갓둘레를 돌리어 접착력 및 도배 시공의 美를 창조한다.

㉣ 롤(Roll) 부직포 작업 : 바탕면에 가로로 걸고 폭 106cm 연필선 긋기(히로시) 한 곳에 운용지로 기둥심걸기 작업을 하고 도배하는 방법

[부연설명]

① 운용지 폭은 30cm

② 풀칠은 온통풀칠이나 이중풀칠을 할 수 있다.

부직포 상단

겹치는 부분

부직포 하단

양옆 갓둘레(뺑뺑이) 폭 15cm

도배지 시공 모습

[사진 1-6] 밀대를 사용하여 '발포 도배지'를 뜯는 모습

[사진 1-7] 재단하는 모습

[사진 1-8] 운용지에 풀칠하는 모습

[사진 1-9] 풀칠한 운용지를 접는 모습

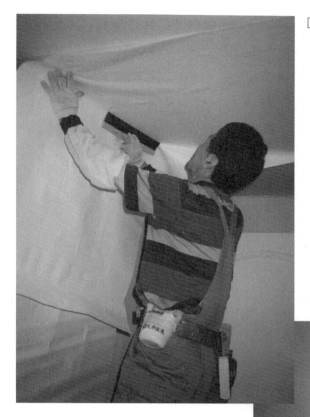

[사진 1-10] 천장 밀고 나가는 모습

[사진 1-11] 천장 실크지를 뜯는 모습

[사진 1-12] 천장 도배 자세(1)

[사진 1-13] 천장 도배 자세(2)

도배(塗褙) 작업 시의 안전교육(education)

(1) 벽지(壁紙) 취급 시

벽지와 운용지 취급 시 주의해야 한다.

① 절취선의 날카로움에 손가락을 베일(다칠) 우려가 있다.

② 목장갑을 끼고 작업해야 한다.

(2) 커터칼 사용 시

① 칼날을 갈아 끼울 때 주의해야 한다.

② 옆차기에 넣을 때와 뺄 때 넓적다리(다리 옆)를 찌르는 경우가 있다.

③ 재단할 때 주의해야 한다.

　• 손가락이나 발가락 부분을 다칠 우려가 있다.

　• 손톱을 날리는 경우가 있다.

　• 손가락 끝부분의 살집을 날리는 경우가 있다.

(3) 풀(미끄럼 예방)

① 바닥의 풀기가 있으면 우마(발판)에 올라가기 전에 미끄러질 수 있다.

② 우마(발판) 위의 풀기를 물걸레로 닦아주어 제거해야 한다.

③ 풀칠이 된 벽지를 밟을 경우 넘어질 우려가 있으니 주의한다.

④ 풀기 있는 목장갑은 교체하거나 빨아서 사용해야 한다.

⑤ 원룸의 복층을 오르내릴 때 주의해야 한다.

(4) 우마(발판) 사용 시

① 우마를 확실하게 펴고 접어야 한다. 그렇지 않을 경우 우마가 푹 꺼지는 경우가 발생한다.

② 이동 시 다리에 부딪칠 수 있으니 주의한다.

③ 바쁠 때에는 우마 위에 벽지를 깔아둔다.

(5) 전기 감전 주의

물기가 있는 손으로 콘센트나 스위치를 만질 때 주의해야 한다.

(6) 기타 도배 도구 취급 시

① 쇠헤라

② 드릴 꼬챙이

③ 아크졸은 눈에 들어가면 실명의 위험이 있으므로 취급 시 주의해야 한다.

PART 02

도배기능사 국가기술자격증
실기시험 문제해설

＊ 도배(塗褙)는
  힘으로 하는 것이 아니라 손맛으로 하는 기술(Skill)이다.

＊ 도배(塗褙)는
  정직한 상품이며 美를 창조하는 예술(Art)이다.

도배기능사 실기문제 해설집

Chapter 01 도배기능사 국가기술자격증 수험 정보

1 도배기능사 개요

(1) 도배기능사란?

중·소·대단위 아파트 단지가 조성되면서 도배기능사의 수요를 절감하면서, 전문적인 도배일을 수행하는 기술자(기능사)를 양성하여 도배일을 의뢰하여야 되겠다는 필요조건이 발생되었다. 이후 건축 공정의 효율성과 기능성을 갖춘 도배 인력을 배출할 목적으로 도배기능사 자격제도를 국가에서 제정하게 되었다.

(2) 변천 과정

1974년 도배기능사 2급으로 신설되었고 1999년 3월에 도배기능사와 기능사보로 구분하였다가 그 후 구분 없이 기능사로 명명하고 있다.
• 2020년 도배기능사 실기시험 전면개정 − 새로운 부스(booth) 탄생

(3) 수행 직무

시공 바탕면을 도배할 수 있도록 기초 작업을 하고 틈막이 초배(보수 초배·네바리)와 초배 작업(초배지·운용지)을 한다. 그 후 도배지(단지, 합지, 실크지, 특수 벽지 등)를 재단하고 도배지에 맞는 풀 배합을 알맞게 하여 풀칠을 하고 숙성을 시킨 다음 도배(정배)를 한다.

(4) 도배기능사 국가기술자격증을 취득하면

① 산재(산업 재해) 혜택
② 건설 회사 수주 제출서류로 필요
③ 기능사 대우
④ 인건비(일당) 계산
⑤ 자영업 시 유리
⑥ 소비자(고객)의 믿음
⑦ 취업 시 필요

(5) 도배 국가기술자격증 시행처 : 한국산업인력공단

② 도배기능사 실기시험 정보

(1) 지급 재료 목록

번 호	재료명	규 격	단 위	수 량	비 고
1	종이벽지(광폭)	폭 930mm	m	8.85	0.5롤(무늬 있음)
2	종이벽지(소폭)	폭 530mm	m	25	2롤(무늬 없음)
3	실크 벽지	폭 1,060mm	m	7.8	0.5롤(무늬 있음)
4	운용지	700×1,000mm	장	4	
5	각 초배지	450×860mm	장	40	
6	부직포 초배지	폭 1,100mm	m	4.5	
7	풀	1kg	봉	6	

(2) 수험자 지참준비물 목록

번 호	재료명	규 격	단 위	수 량	비 고
1	풀솔	도배용	EA	2	터치풀솔 10cm 포함
2	마른솔(다듬솔)	〃	EA	1	정배솔
3	빡빡이솔	〃	EA	1	장판솔
4	재단칼	〃	EA	1	커터칼
5	줄자	2,000mm	EA	1	5.5m
6	바닥긁기칼	도배용	EA	1	쇠헤라
7	참대주걱	〃	EA	1	뿔헤라
8	빗자루	〃	EA	1	청소용
9	풀판	〃	EA	1	임의 개수
10	연필	사무용	EA	1	
11	롤러(Roller)	도배용	EA	1	
12	칼받이	〃	EA	2	3/5mm, 10mm
13	걸레	〃	EA	1	물걸레용
14	목장갑	〃	EA	1	
15	실내화	〃	EA	1	작업화
*	기타 작업에 필요한 공구 일체	임의			

(3) 시험장에서 준비되는 준비물

① 발판(우마, うま)

② 풀대야

③ 물통

(4) 검정 방법 및 합격 기준

① 시행 중

　　㉠ 1차 중간 채점 : 초배

　　㉡ 2차 중간 채점 : 정배

② 시행 후

　시험이 끝이 나면 다음 시험에 지장이 없도록 도배한 면의 도배지를 깨끗이 제거한다.

③ 전형 방법 : 작업형

④ 채점의 중요 포인트

　　㉠ 주어진 도면을 보고 초배 작업 및 정배 작업을 하는 능력을 평가한다.

　　㉡ 시간 내에 작업 완성－시간을 초과하지 말아야 한다.

　　㉢ 오작업을 하지 말아야 한다.

　　㉣ 절대 평가제 : 100점 만점에 60점 이상이면 합격

(5) 도배작업과정

① 초배작업

　　㉠ 보수초배(네바리)

　　㉡ 밀착초배

　　㉢ 공간초배

　　㉣ 부직포(T/C지) 걸기

　　㉤ 운용지 심(기둥) 걸기

② 도배작업

　　㉠ 천장 : 소폭합지/커튼 포함

　　㉡ A벽 : 소폭합지

　　㉢ B벽 : 실크벽지

　　㉣ C벽 : 광폭합지

주의사항

1. 실기시험장 **입실 전**
   ① 신분을 확인한다.
   ② 수험번호를 받는다.(등 뒤에 부착)
   ③ 부스(방)를 배정받는다.
2. 실기시험장 **입실 후**
   ① 평면도와 유의사항 지급받음
   ② 유의사항 설명 및 질문
      시공에 관한 구체적인 제시(기억)
   ③ 실기시험 후 평면도와 유의사항 제출
3. 천장과 벽에 시공하는 내용은 다를 수 있으므로 평면도와 유의사항을 잘 검토하여 오작업을 하지 않도록 유의하여야 한다.
   ※ 실기시험 문제해설만 충실히 이해하고 실행할 수 있다면 내용이 바뀌더라도 시공하는데에는 문제가 되지 않을 것이다.
   ※ 실기시험 도중 카트날에 손가락을 베었을 때 지혈이 되지 않으면 퇴장조치당할 우려가 있으므로 만약을 대비하여 일회용 반창고, 연고, 담배 한두 개피(지혈용)를 준비하여 가는 것이 좋다.

Chapter 02 도배기능사 실기시험제도

2020년부터 도배(塗褙)기능사 실기시험이 전면 개정되어 새로운 부스(booth)가 생김으로써 천장과 A벽, B벽, C벽의 시공작업도 달라졌다.

1 가설물 도면에 의한 실기시험 해설

(1) 출제경향

재단자, 커터칼, 도배솔, 풀솔 등의 도배 공구를 사용하여 주어진 구조체의 천장, 내벽, 보(하리), 창호, 커튼박스(Curtain Box) 주위 등에 도배지 등을 재단하고 풀을 사용하여 도배하는 능력을 평가하는 것이다.

(2) 공개문제

가설물 도면 … 2020년 1회 실기시험부터 적용된다.

(3) 출제기준

국가기술자격종목 시험과목 명칭 변경에 따라 2020. 1. 1.부터 도배기능사 출제기준 파일이 적용된다.

(4) 실기시험 수수료

실기 : 70,400원(2020년 기준)

(5) 취득방법

① 시행기관 : 한국산업인력공단
② 훈련기관 : 공공직업훈련원이나 사업체 내 직업훈련원, 인정직업 훈련원, 직업전문학교, 도배학원
③ 시험과목 : 도배작업
④ 검정방법 : 작업형(3시간 20분)
⑤ 합격기준 : 100점 만점에 60점 이상

[사진 2-1] 부스(booth) 전경

[사진 2-2] 부스(booth) 전면(1)

[사진 2-3] 부스(booth) 전면(2)

[사진 2-4] 천장(1)

[사진 2-5] 천장(2)

[사진 2-6] 커튼박스(curtain box)

[사진 2-7] A벽

[사진 2-8] B벽

[사진 2-9]   C벽

[사진 2-10]   천장 공간초배 붙이는 모습

2 단계별 시공(작업)순서 및 각론 해설

먼저 부스(Booth)를 자세히 둘러본다. 그리고 현장 부스에 따라 치수가 다를 수 있으므로 반드시 '치수재기'를 해야 한다.

> **1단계 ▶ 치수재기와 재단**

(1) B벽 실크벽지

① 245cm＋여유분(무늬맞춤) － 2폭

B벽 재단 요령(skill)

걸레받이를 포함한 치수가 245cm이기 때문에 무늬에 맞추어 245cm로 재단한다.

(2) C벽 합지광폭벽지

① 2폭은 245cm(보·하리 포함)＋여유분

재단 시 무늬를 맞춘 후 상단에서 약 17~18cm 재단(cutting)하는 방법도 있다.

② 1폭은 245cm(보·하리 포함)＋약 20cm 더 길게 재단(치수는 약 17~18cm)하고, 세로로 약 30~40cm를 마킹(marking)하여 재단한다. 단, 미미선은 살려야 한다. 그 이유는 한 폭을 다 풀칠할 필요도 없으며, 여유분의 폭이 너무 넓기 때문이다.

C벽 재단 요령(skill)

1. 3폭을 265cm로 무늬를 맞추어 재단한다.
2. 2폭은 상단에서 약 17~18cm를 커팅(cutting)한다.
3. 1폭은 미미선(겹침선)쪽에서 약 35cm 정도 세로로 재단한다. 이 35cm 1폭을 보·하리 안쪽 위로 쑥 들어간 벽면에 밀어 올려붙여 도배한다.

(3) 천장 합지소폭

① 천장

ㄱ 5폭을 200cm＋여유분(10cm 정도)

ㄴ 5폭 중 1폭을 천장 커튼박스용으로 재단한다.

② 커튼박스(Curtain Box)

- 천장 넓이 폭 15~17cm ⎤
- Box 벽 높이 폭 14~16cm ⎦ 가능한 한 정확한 치수재기로 재단한다.

※ 부스(booth)에 따라 치수 차이가 날 수 있다.

(4) A벽 합지소폭

① 3폭을 230cm＋여유분(약 5cm)

② 3폭 중 1폭은 245cm로 재단한다.

※ 쑥 들어간 부분의 치수는 약 17~18cm

③ 문 상(上)은 2폭을 약 35~40cm로 재단한다.

A벽 재단 요령(skill) - 무늬가 없는 것을 전재로

1. 2폭은 230cm로 재단한다.
2. 1폭은 245cm로 재단하고, A벽의 안쪽 위로 쑥 들어간 벽면에 밀어 올려붙여 도배한다.
   ※ 245cm로 3폭 모두 재단하고 시공 때 2폭은 하단에서 칼질한다.
3. 문 상(上)은 2폭 따로 재단하여 붙이고 입구 끝선에서 도련한다.

참고 A벽 : 3폭을 245cm로 재단한 후 2폭을 상단에서 약 17~18cm를 커팅(Cutting)하는 방법도 있으나 무늬가 없으면 그렇게 재단할 필요는 없다.

2단계 ▶ 초배지 재단

(1) 부직포 재단(C벽)

① 길게 1매(枚)가 나오면 2등분하여 준비한다(반으로 가재단).

② 너무 길다고 생각되면 줄자로 재어 재단해야 할 필요성도 있다.

(2) 운용지 재단(C벽과 B벽)

① 4매로 폭 30cm로 세로 재단한다.

② 8EA를 준비한다.

(3) 갓둘레(힘받이) 재단(천장)

① 3매로 4등분하여 12EA를 준비한다.

② 폭 10cm

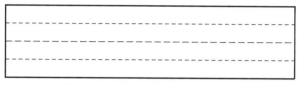

3매를 포개어 놓고 4등분으로 도련

(4) 공간 초배지 재단(천장)

① 초배지 15매를 2등분하여 30EA를 준비한다.

② 15매를 한 묶음으로 하여 밀어내기하고 반으로 접어놓는다.

총 30매

초배지 15매로 2등분

③ 펼치는(밀어내기) 방법

　㉠ 1/2로 재단한 초배지를 포개어 놓고 손가락(중지, 약지, 새끼손가락)을 펴서 대각선으로 밀어내기(펴기) 작업을 한다. 또는 커터칼 뒤에 있는 헤라나 줄자를 사용하는 방법도 있다.

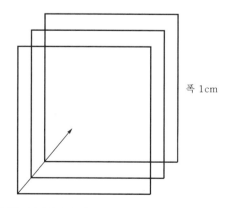

폭 1cm

밀어내기를 한(펼친) 상태(밀어내기하고 접어서 폭 1cm, 15매씩 보관한다.)

ⓛ 줄자를 45~50° 정도로 비스듬히 세워 잡고 밀어내기 한다.

ⓒ 커터칼을 45~50° 정도로 비스듬히 세워 잡고 밀어내기 한다.

※ 펼칠 때나 풀칠할 때, 붙여나갈 때도 넓은 쪽이 자기 앞으로 오게 한다.

(5) 보수초배지 재단

① 4장을 포개어 놓는다.

② 초배지 양옆에 연필로 9, 9, 9, 6, 6, 6을 마킹(marking)한 후 도련(칼질)한다(또는 10으로 할 수도 있음).

③ 도련한 겉지 12EA와 속지 12EA를 잘 보관한다.

※ 암기요령 : 네바리 4장

6	6
6	6
6	6
9(10)	9
9(10)	9
9(10)	9

3줄×4장＝12EA

(6) 밀착 초배지

재단 없이 11매의 장수를 세어 보관한다.

참고

지급 초배지는 총 40매이다.
① 보수초배지(네바리) : 4장(겉지, 속지 12개씩)
② 밀착초배지 : 11장
③ 공간초배지 : 15장(2등분 30장)
④ 갓둘레초배지 : 3장(4등분 12EA)
   → 총 소요장수 : 33장
*운용지 : 4장(2등분 8매)
*부직포(4.5m) : 1장(2등분 2매)

3단계 ▶ 초배지 풀칠과 시공(작업)

(1) 보수초배 풀칠과 시공(작업)

1) 풀칠(보통풀)

① 풀판 위에 겉지를 두 줄 또는 세 줄로 포개어 놓고 풀칠한다.

② 속지는 풀칠한 겉지 위에 살포시 얹어 놓는다.

③ 양손 중지 손가락으로 가볍게 터치한다는 느낌으로 가운데에서 좌우로 그어준다.

④ 풀은 보통풀을 사용한다.

⑤ 풀칠은 거친면에 칠한다.

보수초배(네바리, ねばり)

2) 시공(작업)

① 합판 이음새와 보(하리, はり)와 문 상(上) 모서리에 붙인다.

② 속지끼리 1cm 겹침한다.

참고

천장에는 공간초배, C벽에는 부직포(T/C)를 걸기 때문에 보수초배 작업은 하지 않는다.

(2) 갓둘레 풀칠과 시공(작업) – 천장

① 천장 가장자리에 붙인다.

② 겹침은 1cm로 한다.

③ 풀 배합은 보통풀, 현장에서는 된풀칠 한다.

(3) 밀착초배 풀칠과 시공(작업) – A벽

① 풀 배합은 묽은 풀로 한다.

② 풀칠은 거친면에 한다.

③ 겹침은 1cm로 한다.

④ 초배는 끝선에서 마감한다.

⑤ 11매로 A벽과 문 상(上)에 붙인다.

⑥ 주름과 기포 없이 시공(작업)한다.

⑦ 안쪽에서 입구쪽으로 붙여나간다.

※ 커튼박스(Curtain Box) 내부 벽면은 밀착초배 하지 않는다.

(4) 공간초배 풀칠과 시공(작업) – 천장

1) 풀칠

펼쳐진 공간초배지 가장자리에 폭 1cm로 아주 된풀칠 한 후 대각선으로 귀를 맞추어 접어둔다.

풀칠할 때의 순서는 다음과 같다.

① 넓은 쪽이 자기 앞으로 오게 하여 펼쳐 놓고 풀칠한다.

② 자기 앞쪽에서 오른쪽 밑의 귀를 떼어서(들어서) 빗선(대각선)의 귀에 붙인다.

③ 한 장씩 포개어 15EA를 모아둔다.

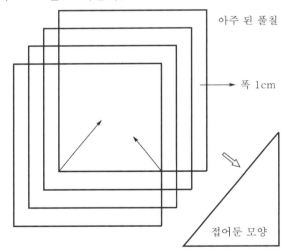

밀어내기(펼치기) 방법

④ 오른손바닥을 밑에서 받치고 왼손으로는 가볍게 위에서 잡고 발판(우마, うま) 중앙 부분에 올려놓는다.

⑤ 공간초배지 공간층에는 풀이 묻지 않도록 주의해야 한다.

※ 공간초배는 종전의 바닥재 깔기의 공간초배가 천장 공간초배로 옮겨 갔다고 생각하면 된다. (부록 01 – 공간초배 참고요망)

2) 시공(작업)

① 천장에 먼저 본을 뜬다. 빠르고 정확성(편리성)이 있다. 본은 C벽 쪽에서 A벽 쪽으로 6장, 입구 쪽에서 B벽 쪽으로 5장, 총 30매를 뜬다. 그리고 C벽 쪽으로 등을 지고 안쪽으로 붙여 나간다. 빨리 붙여 나가기 위해서는 2장씩 앞으로 붙일 수도 있다.

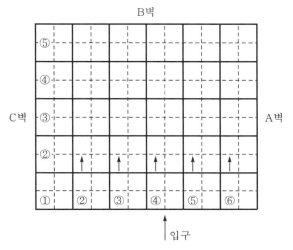

본뜬 형태(본을 뜬 후 입구쪽에서 앞쪽 B벽 쪽으로 붙여 나간다.)

② 넓은 쪽이 자기 앞으로 오게 하고 양귀를 자연스럽게 잡고 천장에 붙인다.

③ 천장에 붙일 때는 양귀를 잡은 쪽을 먼저 천장에 밀착시킨 다음 가볍게 그냥 터치한다는 느낌으로 Y자 형태로 아주 가볍게, 즉 손가락에 힘을 빼고 앞으로 밀어준다.

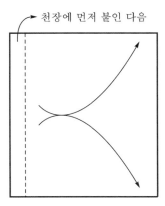

Y자 형태로 앞으로 가볍게 밀어준다(손가락으로). 그리고 솔질

④ 정배솔(도배솔)로 좌우로 솔질한다.

⑤ 화재감지기와 전구 주위에는 공간초배지가 덮일 때마다 터치풀솔로 된풀칠을 하여야 한다. – 폭 10cm

⑥ 화재감지기와 전구에 칼질할 때

ㄱ 화재감지기의 경우에는 커버(뚜껑)를 벗겨낸 후 덮어 놓고 둥근 모양에서 원 바깥쪽에 커터칼을 대고 칼질(도련)한다.

ㄴ 전구의 경우에는 모양대로 칼질하는 방법과 X자로 칼집을 내는 방법이 있다. 그런 다음 뿔헤라나 칼받이를 사용한다. 또는 화재감지기와 같은 방법으로 할 수도 있다.

화재 감지기 형태   전구 형태

⑦ 입구 쪽에서 안쪽으로 붙여 나간다.

⑧ 겹침은 10cm 이상 덮여야 한다.

(5) 부직포 걸기 – C벽

① 풀칠 : C벽 가장자리 바탕에 폭 10cm로 터치풀솔로 아주 된풀칠 한다.

② 시공(작업)

ㄱ 하단 먼저 걸고 상단을 건다.

ㄴ 도련(칼질)은 끝선에서 한다.

(6) 운용지 풀칠과 단지(심)바름 – C벽, B벽

① 풀칠은 보통풀칠을 한다.

② 시공(작업)

ㄱ 겹침은 5cm로 한다.

ㄴ 부직포(T/C지) 위에 연필 선긋기(히로시, ひろし)한 곳에 붙인다.

ㄷ B벽에는 창문 상·하에 붙인다.

주의사항

초배작업을 모두 마친 후에는 하자가 있는지 확인한 후에 "초배 다 했습니다."라고 소리쳐야 한다는 것을 잊지 말아야 한다.

초배종류 풀배합 비율에 의한 시공(작업)순서

① 보수초배(네바리 · 네바리) ┐
                              ├── 보통풀
② 천장 갓둘레 ────────────────┘

③ 밀착초배 ──────────────────── 묽은풀

④ 공간초배 ┐
          ├── 아주 된 풀
⑤ 부직포(T/C지) ┘

⑥ 운용지 심(기둥)걸기 · 단지(심)바름 ── 보통풀

※ 개인에 따라 순서를 달리 할 수도 있다.

4단계 ▶ 벽지 풀칠과 시공(작업)

(1) 소폭합지 – 천장, 커튼박스 속, A벽

1) 천장 합지 풀칠과 시공(작업)

① 합지 소폭 4폭을 풀칠하고 숙성(잠재우기, のばし) 시간을 갖는다.

② 치마주름접기를 한다.

③ 보통풀칠

④ 화재감지기에서의 칼질은 뚜껑을 벗겨낸 후 원 안쪽으로 칼질(동그랗게)한다.

　　㉠ 화재감지기와 전구가 설치되어 있다. – 가장자리 풀칠 폭은 10cm

　　㉡ 화재감지기와 전구는 커버(뚜껑)를 벗겨내고 작업하여야 편리하다.

2) 커튼박스(Curtain Box) 벽지 풀칠과 시공(작업)

① 커튼박스 속 벽지 2폭을 풀칠하고 숙성(잠재우기, のばし) 시간을 갖는다.

② 보통풀칠

3) A벽 합지 풀칠과 시공(작업)

① 맞접기를 한다.

② 합지 소폭벽지 3폭을 풀칠하고 숙성(잠재우기, のばし) 시간을 갖는다.

③ 숙성시킨 후 도배한다.

④ 문 상(上) 2폭도 풀칠하고 도배한다. 빠트리기 쉬우므로 잊지 말아야 한다.

⑤ 벽지조각(쪽벽지)을 사용하지 않아야 한다.

⑥ 보통풀칠

⑦ 겹침폭은 1cm

풀칠순서 및 풀칠 후 뒤집어 도배하는 순서

풀칠순서
① 천장 소폭합지
② 커튼박스
③ A벽(소폭합지)
④ C벽(광폭합지)
⑤ B벽(실크벽지)

풀칠 후 뒤집어 도배하는 순서
① 천장(소폭합지)
② 커튼박스
③ A벽(소폭합지)
④ C벽(광폭합지)
⑤ 실크벽지

※ 개인에 따라 순서를 달리 할 수도 있다.

(2) 광폭합지 – C벽

① 부직포와 운용지 심 바름을 시공한 그 위에 도배한다.

② 맞접기를 한다.

③ 숙성시킨 후 도배한다.

④ 보(하리 · 하리)와 연결되는 커튼박스 부분은 벽지조각, 일명 쪽벽지를 사용하지 말아야 한다. 즉, 한 폭으로 붙여야 한다는 뜻이다.

⑥ 보통풀칠

⑦ 1cm 칼받이 사용

⑧ 겹침은 미미선의 폭을 기준으로 한다(일반적으로 2~3mm).

※ 2020년부터 광폭합지가 추가로 들어간다.

(3) 실크벽지 – B벽

① 된풀칠 하고 숙성(잠재우기, のばし) 시간을 갖는다.

② 빡빡이솔(빡솔) 사용

③ 맞접기를 한다.

④ 벽면 가장자리에 폭 10cm로 된풀칠 한다. – 터치풀솔, 본드풀솔 사용

⑤ 맞물림 작업을 한다. – 롤러(Roller) 사용

⑥ 롤러(Roller)를 사용하기 전에 커터칼 뒤쪽 헤라를 이용하여 맞물림 선으로 풀을 모아온다. 즉 맞물림 선, 이음선으로 풀이 나와야 한다.

3 광폭합지 시공 방법

(1) 입구쪽(좌측)에서 붙이는 방법(요령, skill)

입구 끝선에서 벽지를 1~2cm 넘겨주고 붙여도 되고 딱 맞추어 붙여도 되나, 보통 부스(booth)가 정확히 똑바르지 않기 때문에 벽지를 1~2cm 넘겨주고 시공하는 것이 좋다.

(2) C벽의 광폭합지

C벽의 광폭합지는 무늬가 있기 때문에 미리 보·하리를 재단하고 작업할 수도 있으나 부스의 치수 정확성을 알 수 없기 때문에 따로 재단하지 않고 작업하는 것이 좋다.

보·하리를 붙여 놓고 1cm 칼받이를 사용하여 칼질(도련)하고 이어붙이는 방법이 좋을 것 같다. 그리고 무늬를 맞추어 시공하면 된다.

※ 부직포 위에 연필 선긋기 하는 것을 잊지 말고 운용지를 붙여야 한다. 왜냐면 감독관이 들추어 볼 수도 있기 때문이다.

※ 연필선 긋기(히로시, ひろし) 한 것을 확인할 뿐만 아니라 벽지를 이어 붙인 간격이 5cm를 벗어나는 지를 확인할 수도 있다.

C벽

4 가장 어렵다는 '실크벽지(silk 壁紙)' 시공 방법

중요 부분에서 칼질

보 – ②번 모서리에서 대각선으로 칼질
　　②번 모서리 위에서 세로 칼질
　　⑥번에서 가로 칼질

창문 – ⑧, ⑦번 모서리에서 칼질
　　　①, ②번 모서리에서 칼질

(1) 실크벽지(silk 壁紙) 시공

실크벽지 도배는 잘 배우고 올바르게 실습한다면, 빠른 사람은 10~15분 안에 가능하고 좀 느려도 20분 안에는 할 수 있을 것이며, 선수들은 10여분 안에 가능하다고 여겨진다.

실크 시공(작업)은 손으로 하는 부분이 많고 정배솔(도배솔, 다듬이솔)은 공기(空氣, air)를 빼주는 역할을 한다.

실크벽지 시공은 2폭을 왼쪽에서 먼저 붙이는 방법과 오른쪽에서 먼저 붙이는 방법이 있다. 한 가지 당부할 것은 이렇게 했다, 저렇게 했다 하는 우를 범하지 말라는 것이다.

동영상의 기능사들은 선수들이다. 따라서 왼쪽에서 먼저 붙이든 오른쪽에서 먼저 붙이든 상관이 없다. 그러나 기능사 시험을 대비하는 사람이라면, 보ㆍ하리 있는 왼쪽에서 먼저 붙이는 방법이 좋을 것 같다.

(2) 붙이는 방법(요령, skill)

1) 왼쪽에서 한 폭 붙이는 방법

① 위(천장 쪽)로 5cm 정도 올려 준다.

② 보ㆍ하리(하리)의 밑 부분 코너 선으로 맞춘다.

③ 대충 붙여 놓고 보 ⑥번 밑으로 해서

④ 허리 부분 밑을 왼손으로 다듬어 주어 대충 고정시킨다.

⑤ 코너 모서리 ②번에서 45° 각도로 위로 칼질을 해준다.

⑥ 보·하리 밑을 왼손으로 다듬어 주며 ④번 허리 부분을 고정시킨다.

⑦ ⑤번에서 위 45° 각도로 칼질하여 펄럭이는 날개 벽지를 대충 세로로 칼질한다.

⑧ ⑥번에서 펄럭이는 날개 벽지를 가로로 대충 칼질, 즉 여유 있게 칼질한다.

⑨ ②번에서 대충 붙여 놓은 벽지를 위 모서리(①번 쪽)에 밀착, 고정시킨다.

⑩ ④번 허리 부분에서 창문 쪽으로 다듬어 준다.

⑪ ⑧번 코너 모서리 창문 안쪽으로 창문 다루끼(だるき, 창문틀) 밑으로 가로 칼질하며 떨어지지 않게 창문 안쪽 바탕에 대충 붙여 놓는다.

⑫ ⑦번 코너 모서리에 창문 위 안쪽으로 창문 다루끼(だるき, 창문틀) 위로 가로 칼질하여 떨어지지 않게 창문 안쪽 바탕에 대충 붙여 놓는다.

⑬ ⑧번 다루끼(だるき, 창문틀) 안쪽에서 ⑦번 쪽으로 세로 칼질한 후, 창문 안쪽 부분의 벽지를 반으로 접어서 밑으로 버린다. 반으로 접는 이유는 풀칠한 벽지가 바닥에 떨어져 발판(우마)에서 내려올 때 밟아 미끄러져 넘어지는 경우를 대비한 것이다.

⑭ 손으로 칼질한 창문틀 주위를 다듬어 주며 공기를 빼준다.

⑮ 하단 부분도 손으로 다듬어 준 다음, 정배솔(도배솔)로 벽지를 쓸어주며 공기를 뺀 다음 위와 창문틀, 보 부분과 걸레받이에 칼받이를 밀착시키고 칼질하여 마무리 한다.

2) 둘째 폭을 맞물림(하구찌, はぐち)하여 붙이는 방법

① 왼쪽에 먼저 붙여 놓은 실크벽지의 절취선 무늬를 맞추어 주며, 바탕면 위와 창문 우측 방향으로 붙이는데 창문틀의 다루끼(だるき, 각재)와 우측 모서리(세로) 부분에 유선형으로 붙인다. 다시 말해서 창문틀 부분이 떠있게 한다는 뜻이다.

② 창문 하단의 맞물림(하구찌, はぐち)을 맞추어 준 후 ①번 코너 모서리에 창문틀(다루끼, 각재)밑으로 가로(좌측)로 칼질하고, ②번 코너 모서리에 창문틀(다루끼, 각재) 위로 가로(좌측)로 칼질한다.

③ ①번에서 ②번으로 세로 칼질하여 펄럭이는 벽지를 떼어서 버린 후, ①, ②번 바탕면 주위를 손으로 다듬어 주며 창문 주위와 전체를 다듬어 주고 맞물림(하구찌, はぐち)을 한다.

④ 정배솔(도배솔, 다듬이솔)로 벽지를 쓸어주며 공기를 뺀다.

⑤ 창문틀 주위와 위, 아래(걸레받이)에 칼받이를 사용하여 칼질하여 마무리한다.

> **[부연설명]**
>
> 실크벽지(silk 壁紙)는 한 번에 딱 붙여야 한다. 잔손질을 많이 하면 다음과 같은 문제점이 발생한다.
>
> ·시간이 많이 소요된다.
>
> ·벽지가 늘어난다.
>
> ·공기가 이곳저곳 차있게 된다(기포 발생).
>
> ·맞물림(하구찌, はぐち)을 제대로 맞추지 못하여 낭패를 보게 되는 경우가 있다. 아무쪼록 반복 연습 및 실습하여 위와 같은 경우가 없길 바란다.

저자가 생각하는 도배기능사 실기시험의 기준

도배기능사 실기시험은 도배를 할 수 있는 능력이 있는지를 보는 것이다.

첫째, 풀 농도 배합은 잘하는지

둘째, 풀솔, 정배솔, 칼받이, 롤러 등의 도구 사용을 잘하는지

셋째, 도련(칼질)을 잘하는지 등을 보고 평가하는 것이라 사료된다.

▣ 주지사항

① 평면도 숙지 및 이해

② 치수재기 숙지

③ 작업순서 머릿속에 입력하기[마인드컨트롤(mind control)]

④ 무늬 맞춤에 유의

⑤ 마무리 청소

▣ 주의사항

① 오작업은 절대 하지 말아야 한다.

② 주어진 시간 안에 시공(작업)을 끝내야 한다.

③ 벽지를 찢지 말아야 한다. ★명심

▣ 도배(塗褙)작업 총 소요 예정시간

도배기능사 실기시험에 주어진 시간은 3시간 20분이다. 그러나 수험생은 평소 연습할 때 '연습을 시합같이, 시합을 연습같이 하라'는 말이 있듯 3시간 내지 3시간 10분안에 끝내야 된다고 생각하고 연습을 해야 한다.

① 치수재기와 재단 : 약 30~40분

② 초배 풀칠과 시공 : 약 1시간 10분

・보수초배 약 5분 ┐
             ├ 약 25분
・밀착초배 약 20분 ┘

・갓둘레 약 10분 ┐
             ├ 약 45분
・공간초배 약 35분 ┘

③ 벽치 풀칠과 시공 : 약 1시간 30분

·풀칠 약 30분

·합지도배 약 40분

·실크도배 약 20분

각 단계별 시간은 개인에 따라 다를 수 있다.

실습할 때 빨리하는 습관(habit)을 길러야 주어진 시간 안에 작품을 완성시킬 수 있음을 명심 또 명심해야 한다.

think(생각)

1. 마인드 컨트롤(mind control) 꼭 하기 – 머릿속으로 도배해보기
2. 시험날까지 도배 생각을 많이 해야 한다.

2020년도에 개정된 도배기능사 실기시험 요약해설

제일 먼저 부스(booth)를 살펴본 후 작업에 들어간다.

▣ 치수재기와 재단(소요예정시간 : 약 30~40분)

1) B벽 실크벽지

① 245cm＋여유분(무늬) － 2폭

2) C벽 합지 광폭벽지

① 2폭은 245cm(보·하리 길이 포함)＋여유분

② 1폭은 245cm＋약 20cm 더 길게 재단하고 또 세로로 약 30~40cm를 마킹(marking)하여 재단

     · 이유 : 한 폭을 모두 풀칠할 필요가 없기 때문, 시공(작업)편리성

3) 천장, A벽 합지 소폭벽지

① 천장

     · 200m＋여유분 － 5폭 재단

     · 5폭 중 1폭은 천장 커튼박스용

② 커튼박스(Curtain Box)

     · 천장 넓이(폭) 15~17cm ┐

     · Box 벽 높이(폭) 14~16cm ┘ — 가능한 한 정확하게 재단한다.

     ※ 부스(Booth)에 따라 조금의 차이가 날 수 있다.

4) A벽

     · 230cm＋여유분 － 3폭

     · 3폭 중 1폭은 245cm＋여유분

     · 소폭은 무늬가 있는지 확인하고 재단한다.

5) 초배지 재단

초배지는 40장 지급되며, 총 소요장수는 33장이다.

① 갓둘레(힘받이) － 천장

     · 3장으로 4등분＝12EA, 폭 10cm

② 공간초배 － 천장

     · 15장으로 2등분 : 밀어내기(펴기)

③ 보수초배(네바리, ねばり)

　・4장으로 6등분 마킹(marking)

　・초배지 양옆에 연필로 마킹

```
_____6_____
_____6_ _ _ _ _ _ _ _ _ _ _ _ _ _ _ _ _ _ _ _ _ _ _
_____6_____
_____9(10)_____
_____9(10)_ _ _ _ _ _ _ _ _ _ _ _ _ _ _ _ _ _ _
_____9(10)_____
```

④ 밀착초배지 11장

⑤ 운용지 재단 – B벽, C벽에 사용

　・4장으로 폭 30cm로 세로 재단

⑥ 부직포(T/C지) – C벽에 사용

　・길게 나오면 2등분

▣ **초배지 풀칠 및 시공(소요예정시간 : 약 1시간 10분)**

① 보수초배 풀칠 및 시공 : 보통풀칠하고 시공(이음새와 모서리)

② 천장 갓둘레(힘받이) : 보통풀칠하고 시공

③ 밀착초배 풀칠 및 시공 : 묽은 풀칠하고 시공

④ 공간초배 풀칠 및 시공 : 아주 된풀칠, 가장자리 1cm로 풀칠

⑤ 부직포 걸기 : C벽 가장자리에 폭 10cm로 아주 된 풀칠

⑥ 운용지 풀칠과 단지(심)바름 : 보통풀

＊ 천장 부착물 : 화재 감지기, 전등

＊ 벽 부착물 : A벽 스위치, 콘센트, C벽 콘센트

＊ 화재 감지기 초배는 가장자리 밖에서, 도배는 가장자리 안에서 칼질한다.

화재 감지기

초배작업을 모두 마친 다음 하자가 있는지 확인한 후 "초배 다 했습니다."라고 소리쳐
야 한다.

▣ **벽지 풀칠 밑 시공(소요예정시간 : 약 1시간 30분)**

1) 합지 소폭 – 천장, 커튼박스

① 천장과 커튼박스 벽지에 보통풀칠하고 시공

② 안쪽에서 입구쪽으로 붙여 나온다.

③ 천장에는 화재감지기와 전등의 부착물이 있다.

2) 합지 소폭 – A벽

① 보통풀칠하고 시공

② 안쪽에서 입구 쪽으로 붙여 나온다.

③ 스위치와 콘센트의 부착물이 있다.

3) 합지 광폭 – C벽

① 보통풀칠하고 시공

② 입구에서 안쪽으로 붙여 나간다. 미미선에 따라 반대로 붙일 수도 있다.

③ 하단 부분에 콘센트의 부착물이 있다.

4) 실크 벽지 – B벽

① 된풀칠하고 시공

② 창문 있다.

＊ 1 → 2 → 3 → 4의 순으로 풀칠한 다음, 뒤집어서 1 → 2 → 3 → 4 순서로 도배한다.

도배작업을 모두 마친 다음 하자가 있는지 확인한 후 "도배 다 했습니다."라고 소리쳐야 한다.

▣ **수험자 주지사항**

① 지급된 재료에 이상(파손 및 부패)이 있을 때는 교환할 수 있다.

– 시험위원의 승인을 득한 후

② 초배작업이 완료된 후 중간채점

③ 시험위원의 채점이 끝나면 수험자는 가설물(도배지, 장판지, 초배지)을 제거한다.

– 가설물을 제거하지 않았을 경우에는 3점 감점된다.

④ 화재감지기는 커버를 벗겨낸 후 작업한다.

■ **채점대상에서 제외되는 사항**

1) 실격처리

① 지급된 재료 이외의 재료를 사용한 경우

② 장비 및 재료의 취급 미숙으로 위해를 일으킨 경우에는 시험위원 전원의 합의가 있는 경우

2) 미완성

① 시험시간 내에 작업을 완성하지 못한 경우

3) 오작

① 주어진 요구사항의 작업요소가 누락되거나 상이한 경우

② 시공치수오차가 ±2mm 이상인 경우 – 실크벽지 맞물림(B벽)

③ 무늬 맞추기의 치수오차 ±20mm(2cm) 이상인 경우

④ 초배지, 종이벽지, 실크벽지가 50mm(5cm) 이상 파손된 경우

⑤ 풀 농도 구분을 못할 경우

⑥ 도배지의 상, 하단이 바뀐 경우

⑦ 칼질 없이 마감한 경우

⑧ 천장의 공간초배지를 30매(장) 미만 사용한 경우

⑨ 벽지 이음의 단지(심)중앙에서 50mm(5cm) 이상인 경우 – C벽 연필선긋기, 히로시

[참고지식]

1. 천정

마지막 폭(입구 쪽)에서 벽지를 들고 대충 대보고 벽이나 우마(발판) 위에서 소폭 벽지를 칼질하고 도배할 수 있다(4폭째).

2. C벽

광폭합지도 같은 형태로 칼질하고 도배할 수도 있다.

물론 재단 시에 재단하여 풀칠할 수도 있지만

3. A벽

소폭합지는 무지 소폭합지이기 때문에 그렇게 하지 않아도 된다.

※ 풀칠한 벽지를 벽이나 우마(발판) 위에서 칼질할 때는 벽지를 정확히 맞접기로 하여야 한다.

도배기능사 실기문제 해설집

각 장판지 깔기(바르기)

■ 바닥을 띄우지 않고 시공할 경우

① 바닥 규격 : 210cm×210cm

② 각 초배지 규격 : 47cm×88cm 또는 45cm×90cm

③ 각 장판지 규격 : 77cm×95cm – 6배지 또는 8배지

　ㄱ 지급 장수 : 9장

　ㄴ 거친 면에 된풀칠

　ㄷ 겹침 : 5cm

　　양갓 올림 : 2.5cm

④ 풀 : 필요량

※ 작업 순서

　1. 재단

　　1) 기초 작업 : 바닥면 정리

　　2) 초배지 재단

　　　① 갓둘레 – 4장으로 3등분. 12EA

　　　② 초배지 – 15장으로 2등분. 30EA ⎤ 중 선택

　　　　　　　또는 18장으로 2등분. 36EA ⎦

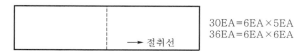

30EA=6EA×5EA
36EA=6EA×6EA

→ 절취선

　　　③ 덧 초배 – 2장으로 폭 9cm 또는 6cm로 12EA 준비

　　　④ 물먹임 초배지 – 2장 준비

　　　　·총 초배지 필요량 : 23~26장

　　3) 각 장판지 나누기 및 재단

　　　① 나누기 공식

　　　　·가로 210cm×세로 210cm의 바닥면적

　　　　·가로·세로 : 210cm÷3장=70cm+5cm 겹침=75cm

② 재단

· 장판지 : 9장을 포개어 놓고 가로×세로를 75cm로 재단한다.

· 굽지 : 장판지를 재단하고 남은 것으로 폭 5cm로 재단한다.

2. 갓둘레 풀칠 및 붙이기 작업

3. 공간 초배지 풀칠 및 붙이기 작업

1) 펴는 방법 – 밀어내기

① 1/2로 절단(재단)한 초배지를 포개어 놓고 손가락(검지, 중지, 약지, 새끼손가락)을 펴서 대각선으로 초배지 각 장의 간격이 1cm가 되도록 밀어준다. 그리고 1cm로 된풀칠하고 붙이기 작업을 한다.

② 또 다른 방법은 줄자를 세로로 잡고 45~50° 정도로 세워서 옆으로 밀어내기 하는 방법도 있다.

1cm의 폭으로 사면(대각선) 된풀칠

2) 공간 초배지 작업 방법

① 갓둘레를 붙이고(폭 10~15cm), 초배지 4장으로 3등분하면 12EA 나옴.

② 공간 초배지를 붙이는 방법 2가지

㉠ 갓둘레에 공간 초배지를 완전히 덧붙이고 작업하는 방법

– 공간 초배지 업어나가기는 약 7~8cm

㉡ 공간 초배지를 갓둘레에 5cm만 업고 작업하는 방법

– 공간 초배지 업어나가기는 약 10cm

: 약 10cm 업으면서 시공, 마지막 장은 B벽 쪽의 갓둘레에 5cm 업는다.

※ 공간 초배지 작업은 공간 초배를 할 수 있는가 없는가의 작업 능력을 보는 것임.

③ 장판지 물칠

– 표면이 맨들맨들한 면에 풀솔로 한 장씩 물칠을 한 뒤 물칠한 장판지는 옆에 포개어 놓고, 마지막 장(제일 윗장이 되는 장)은 물칠을 하지 않는다. 이유는 초배지 2장을 물에 듬뿍 적셔 덮어 놓기 때문이다. 그리고 나서 장판지 잠재우기(숙성)가 될 때까지 주변 정리를 하고 장판지 깔기 준비를 한다.

④ 장판지 풀칠 및 깔기

㉠ 물칠한 장판지에 덮어 놓은 축축한 초배지를 거두어 내고 딱솔(빡빡이솔)로 장판지 한 장씩 된풀칠을 한다.

㉡ 풀칠이 된 장판지를 1/2로 접고, 또 접는다.

편 상태　　　　　　　반 접힌 상태　　　　　　완전히 접힌 상태

㉢ 된풀칠을 다한 후, 뒤집어서 한 장씩 깔기 시작한다.

㉣ 깔기

– C벽면 입구에서 A벽면 쪽으로 간다. – B벽면까지

– 네귀모임 따기(각 따기)는 신용카드 등의 밑받침을 사용

 •밑장 위에 신용카드를 끼우고

• 둘째 장과 셋째 장을 대각선으로 칼받이를 사용하여 칼질하고 절취된 부분은 빼낸다.(2개) 이어 넷째 장으로 덮고 커터칼 헤라로 문질러 준다.

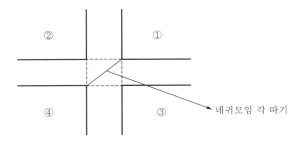

네귀모임 각 따기

ㅁ 굽지(굽돌이) 붙이기
　　– 굽지 풀칠은 장판지 풀칠할 때 풀칠을 해 놓는다.
　　　• 연결 이음 : 1cm
　　　• 코너 이음솔기 : 5mm~1cm
ㅂ 덧 초배 깔기
　　– 재단을 해 놓은 덧 초배를 물에 적셔 5cm 겹침 위에 덧붙인다.

■ 전면 10cm를 띄우는 경우
　• 나누기 공식
　　가로 210cm×세로 200cm의 바닥 면적
　　가로 210cm÷3장＝70cm＋5cm 겹침＝75cm
　　세로 200cm÷3장＝67cm＋5cm 겹침＝72cm
※ 72cm를 A벽 방향으로 할 것인지 B벽 방향으로 할 것인지를 마음속으로 결정한다.

(세로)

⑨ ⑥ ③

덧 초배 붙임

장판 겹침 5cm

75cm 75cm 75cm

B벽 ⑧ ⑤ ②

75cm

올려붙임
2.5cm

C벽

75cm

⑦ ④ ①

75cm

각 따기

기둥

(가로)

전면

■ 전면 20cm를 띄우는 경우

  · 나누기 공식

    가로 210cm×세로 190cm의 바닥 면적

    가로 210cm÷3장＝70cm＋5cm 겹침＝75cm

    세로 190cm÷3장＝64cm＋5cm 겹침＝69cm

  · 몇 cm를 띄우라고 도면에 나오면 입구에서 띄우라는 cm를 띄우고 연필로
    공간 초배를 한 바탕면에 선을 그어 놓는다.

  · 장판지 깔기는 그어 놓은 선을 기준으로 하여 깔기 작업을 하면 된다.

[사진 3-1] 장판지 재단하는 모습(1)

[사진 3-2] 장판지 재단하는 모습(2)

[사진 3-3] 장판지 재단 후 처리하는 모습

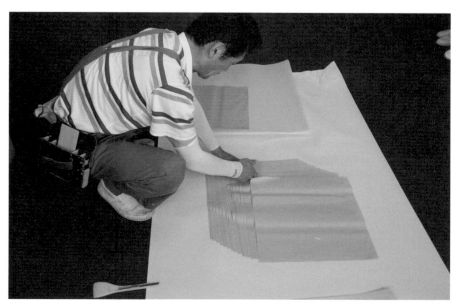

[사진 3-4] 손가락으로 밀어내기 하는 모습

[사진 3-5] 줄자로 밀어내기 하는 모습

[사진 3-6] 밀어내기한 것을 접는 모습

[사진 3-7] 밀어내기 한 것을 접어 놓은 모습

[사진 3-8] 재단한 것을 부스 위에 보관하는 모습

[사진 3-9] 갓둘레 재단하는 모습

[사진 3-10] 갓둘레 붙이는 모습(1)

[사진 3-11] 갓둘레 붙이는 모습(2)

[사진 3-12] (기둥 앞에)갓둘레 붙이는 모습(3)

[사진 3-13] 갓둘레 붙이는 모습(4)

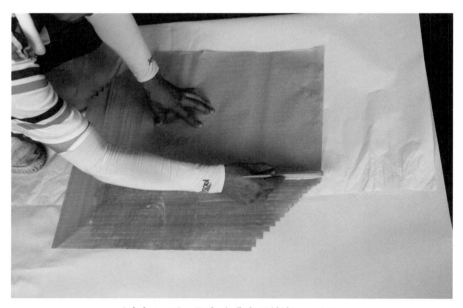

[사진 3-14] 공간 초배지 풀칠하는 모습(1)

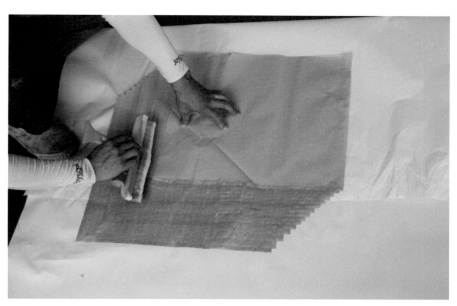

[사진 3-15] 공간 초배지 풀칠하는 모습(2)

[사진 3-16] 공간 초배지 풀칠하는 모습(3)

[사진 3-17] 공간 초배지 풀칠한 것을 잡는 모습

[사진 3-18] 공간 초배지 붙이는 모습(1)

[사진 3-19] 공간 초배지 붙이는 모습(2)

[사진 3-20] 공간 초배지 기둥 앞과 옆에 붙이는 모습(1)

[사진 3-21] 공간 초배지 기둥 앞과 옆에 붙이는 모습(2)

[사진 3-22] 공간 초배가 완성된 모습

[사진 3-23] 장판지 물칠하는 모습(1)

[사진 3-24] 장판지 물칠하는 모습(2)

[사진 3-25]　물칠한 장판지에 물 초배지 덮는 모습(1)

[사진 3-26]　물칠한 장판지에 물 초배지 덮는 모습(2)

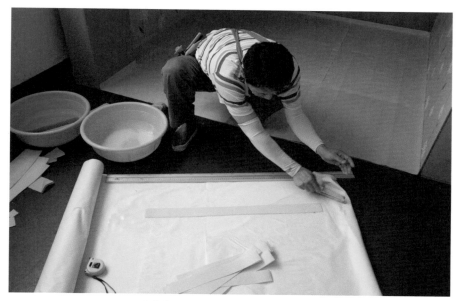

[사진 3-27] 굽지 풀칠하는 모습

[사진 3-28] 장판지 풀칠하는 모습

[사진 3-29] 장판지 접기(1)

[사진 3-30] 장판지 접기(2)

[사진 3-31] 장판지 접기(3)

[사진 3-32] 장판지 깔기

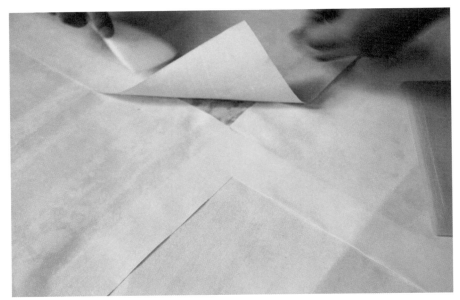

[사진 3-33] 네귀모임 각 따기(1)

[사진 3-34] 네귀모임 각 따기(2)

[사진 3-35] 네귀모임 각 따기 완성된 상태

[사진 3-36] 굽지 붙이는 모습

[사진 3-37] 덧 초배지를 물에 담근 상태

[사진 3-38] A벽 장판지 올려 붙임에서 2.5cm로 칼질하는 모습

[사진 3-39] 덧 초배지 깔기

[사진 3-40] 각 장판지 깔기가 완성된 상태

02 컬러 테라피(Color therapy)

1 색의 효과(Color effect)

색(Color)은 사람의 마음을 밝게 그리고 맑게 해주는 효과가 있다. 이를테면 사람의 심리를 변화시켜 주는 '화려한 심리 마술사'라고도 할 수 있을 것이다.

도배(塗褙)에도 색을 이용한 '컬러 테라피(Color therapy · 컬러 요법)'에 대한 관심이 집중되고 있어 포인트 컬러로 성격의 변화, 개성 추구, 분위기 전환 등으로 색의 효과를 찾고자 노력하고 있다.

컬러 테라피는 색채마다 고유의 에너지가 있다고 전제하고 그 에너지를 이용해 성격의 변화와 건강 상태를 변화시키는 자연 요법으로, 심지어 고대 이집트에선 '빛의 스펙트럼'으로 환자를 치유했다고 한다.

'컬러 테라피'는 심리학자들의 논문에서 언급되고 있으며, 미술학계에서도 학문적으로 연구하고 있는 부분이다(2005년도 동아일보 칼럼 "색은 色이다." – 경북대 산업디자인과 교수).

'컬러 테라피'에 많은 사람이 관심을 갖게 된 것은, 천재소년 송유근(11 · 과학기술연합대학원) 군이 파란색으로 도배한 방에서 생활하였다고 부각시킨 '하늘채 아파트'가 CF에 방영된 후부터이다. 또한 2005년 10월 17일 KBS 무한지대큐에서 '대한민국 도배지존–아이들 방 도배'가 방영된 후 컬러 테라피에 대한 관심과 인기는 높아지고 있다.

2 색(Color)의 종류

① Beige : 엷은 다갈색
  • Mid beige : 중간 베이지
② Brown : 갈색, 밤색
  • Cocoa brown
③ Gray＝Grey : 회색, 쥐색, 잿빛
④ Blue : 푸른색, 새파란 감색, 남빛

⑤ White : 흰색

⑥ 파스텔색(Pastel color) : 우아하고 옅은 색

⑦ Pink : 분홍색

  · Pink yellow

⑧ Green : 녹색, 초록빛

⑨ Yellow : 황색, 노란색, 황금색

  · Right yellow : 적당한 황색

  · Yellow beige

⑩ Sky : 하늘색

⑪ Orange : 주황색

⑫ Ivory : 크림색, 상아색

⑬ Gold : 금색

  · Red gold

  · 럭셔리한 금색(Luxury gold)

⑭ Black : 검정색

⑮ Milky : 유백색, 은하수(Galaxy)

⑯ 카키색(khaki color) : 연한 국방색

⑰ Bright red : 선홍색

⑱ Vermilion : 주색(朱色)

⑲ Brights & Vivids : 밝고 발랄한 색

⑳ Violet : 보라색, 제비꽃

③ 색깔별 효과

빨간색	• 삶에 활기를 불어 넣어주고 열정을 불러일으킨다. 우리나라에는 자식들이 첫 월급을 타면 어머니에게 빨간 내의를 선물하는 풍습이 있다. 이것은 빨간 속옷을 입으면 에너지가 충전될 수 있다는 말이 전해 내려오기 때문이다.
주황색	• 인간관계를 원만하게 해 주며, 책임감과 협동심을 키워준다. • 식욕을 돌우어 준다.
노란색	• 흡수력이 있다. : 성장하는 어린아이들의 옷이나 학용품, 신발, 우산 등이 노란색인 것을 보면 알 수 있다. • 마음을 따뜻하게 해 주고 친근한 성격으로 변화시켜 준다. • 소화가 안 될 때 노란색 차를 마시면 편안해진다고 한다. • 집중력을 높여 주는 색으로 파란색보다 효능이 있다. • 벽에 국화 그림이나 해바라기 그림을 붙여 놓으면 마음의 안정과 피로 해소에 좋다.
초록색	• 마음을 편안하게 안정시켜 준다. • 눈에 이롭다. • 평화와 이상을 생각하게 한다. • 자기만족과 자신감을 키워준다. • 차 내부를 녹색으로 꾸미면 교통체증 시 짜증날 때 도움이 된다.
파란색	• 머리를 식혀주며 감정을 억제할 수 있는 능력을 길러준다. • 냉정한 사고력을 길러준다. • 내면의 능력을 발휘하고 의사소통을 잘하게 돕는다. • 파란 옷은 신뢰감도 주지만 차가운 느낌도 준다. • 목이 아플 때 파란 스카프가 도움이 된다.
보라색	• 창의력을 키워준다. • 두통에 보라색 모자가 좋다.
(진)분홍	• 다른 사람을 돌보고 보호하는 에너지가 있다. • 창조력을 키우는 문화적인 색이기도 하다. • 온화함과 자애를 상징한다.

Chapter 03 실내 인테리어에 활용되는 색

1 실내 인테리어 시 고려할 점

우리는 보통 2/3에 달하는 시간을 장소가 다를 뿐, 실내에서 보낸다. 그렇기 때문에 실내 장식을 자주 바꾸는 것이 아니라면 처음부터 올바르게 선택하는 것이 현명하다. 건물의 기본 구조를 뒤덮고 있는 의복은 페인트, 천, 카펫, 벽지로 사람의 옷이 피부와 근육, 뼈를 뒤덮고 있는 것과 일맥상통한다.

(1) 도배나 다른 실내 장식을 바꿀 때

첫째, 방(Room)의 특성을 고려해야 되고
둘째, 사용하고자 하는 색에 초점을 맞추고
셋째, 문양(무늬)을 생각해 보아야 한다.

(2) 사용 공간에 어울리는 색을 설계한다면

① 그 장소에서 주로 생활하는 곳은 어디인가?
② 밝은 곳인가? 어두운 곳인가? 빛은 얼마나 들어오는가?
③ 기본적으로 배치되어 있는 색을 관찰-나무나 벽돌 등의 색
④ 어떤 환경을 만들고 싶은가?
　　㉠ 자극적이고 밝은 환경으로
　　㉡ 침착하고 조용한 환경으로
⑤ 분위기는?
　　㉠ 시원한 분위기
　　㉡ 따뜻한 분위기
⑥ 천장은 높은가? 낮은가?
⑦ 내부를 넓어 보이게 하고 싶은가, 아니면 좁아 보이게 하고 싶은가?
⑧ 방의 기본 형태(구조)는 어떤가?
　　㉠ 좁고 긴 편인가?
　　㉡ 넓고 짧은 편인가?

② 아이방

(1) 아이방

① 어린이부터 십대에 이르는 자녀가 쓰는 방에는 빨강, 주황, 노랑 계열의 색을 추천한다. 이유는 밝고 환한 환경을 만들어 줄 수 있기 때문이다.

② 십대가 지난 자녀들은 녹색과 푸른 계열의 색조가 좋으며, 어두운 색은 피하는 것이 좋다.

　※ 책을 읽을 때 눈의 피로를 최소화할 수 있도록 조명에 각별한 신경을 쓰는 것도 잊지 말아야 한다.

(2) 아이 놀이방

① 강하고 밝은 색 : 빨강, 노랑, 마젠타

② 부드럽고 침착하고 조용한 환경에는 초록, 청록, 보라, 파랑이 효과를 발휘하기 때문에 침실이나 서재에 사용하여도 좋다.

③ 침실 및 욕실

(1) 침실

편안함, 고요함, 평화로움이 필요한 공간으로 부드럽고 수수한 색으로 선택하며 무거운 색은 피한다.

① 추운 지방 : 따뜻한 스펙트럼에서 색을 선택

② 더운 지방 : 푸른색 계열로 시원하고 상쾌한 분위기를 준다.

(2) 부부용 침실

① 두 사람이 함께 동의할 수 있는 색을 찾아보아야 한다. 매우 강하거나 자극적인 분위기를 원하지 않는 한 어둡거나 선명한 색은 피하는 것이 좋다.

② 색으로는 장미색, 복숭아꽃색(마젠타, 적자주색), 부드러운 레몬색, 라일락색, 분홍색과 같은 온화하고 엷은 색이 따뜻하고 편안한 느낌을 준다.

(3) 욕실

작은 공간이기 때문에 벽(Wall)을 연한 색부터 중간 색조의 색으로 선택하면, 더 넓고 트인 공간처럼 느낄 수가 있다.

① 타일, 세면대, 욕조, 변기는 기본색 : 바꿀 일이 거의 없음.

② 색(Color)은 흰색, 회색빛 나는 흰색이 적당하다. 그 외에도 파랑, 청록색의 녹색 계열이 자연과 물을 상기시켜 주며 신선하고 열린 공간 같은 감각을 준다.

③ 대비되는 색은 수건, 칫솔, 드라이기 등의 소소한 물품에 적절히 활용하면 된다.

4 거실 및 부엌

(1) 거실

① 자연적인 색에 맞춰서 결정해야 한다. 거실에서는 흔히 대화를 하거나 쉴 때가 많기 때문에 색의 대비가 너무 강하면 정신을 분산시킬 소지가 있다.

② 색이 단조롭지 않게 하려면 벽의 색채와 다소 대조를 이루는 색으로 한다.
 — 포인트 벽지

③ 일반적으로 소파와 양탄자, 의자 덮개는 벽 색깔보다 어두운 색조가 좋다.

④ 거실의 색은 온화한 색조가 이상적이다. 꽃병이나 스탠드, 화분 같은 작은 물건의 색으로 강조 효과를 노릴 수 있다.

(2) 부엌

부엌은 활력을 북돋워주는 색이 좋다. 부엌의 한 부분에는 빨간색, 복숭아꽃색, 주황색, 노란색의 색조를 사용하는 것이 이상적이다.

① 싱크대에 대비되는 색으로 사용 : 빛 반사를 증가시켜 준다.

② 어두운 색으로 꾸민 부분 : 강하고 선명한 조명 장치를 한다.

③ 수건, 식기, 냄비와 같은 도구 활용 : 색을 강조하는 효과

(3) 부엌 벽

부엌 벽에는 연한 색부터 중간 색조를 선택하는 것이 편안하며 아늑하고 즐거운 공간 분위기를 만들 수 있다.

① 음식의 색과 관련된 색으로 찾는 것이 포인트이지만, 연녹색이나 노랑과 같이 지나치게 연한 색은 질병이나 허약함을 연상시키기 때문에 피하는 것이 좋다.

② 식탁보나 냅킨(Napkin) : 대조적인 색으로 사용

③ 음식의 색채를 돋보이게 하는 조명을 찾아보는 것도 바람직하다.

[사진 3-41] '태양 모자이크' 거실

[사진 3-42] 거실 벽 도배지 '모젤 휴엔'-식욕을 돋우는 '주황색'

5 천장 · 벽 · 바닥

색을 고를 때 한 가지 기억해야 할 점은, 좁은 공간보다 넓은 공간에서 색이 더 강렬해 보인다는 점이다.

(1) 넓은 공간에 사용할 때에는 자신이 생각했던 것보다 더 옅은 색조를 색 견본에서 골라야 한다.

(2) 천장색은 다른 곳의 색보다 좀더 밝은 색으로 선택하는 것이 좋다. 자연광이 없는 밤에도 빛의 성질을 지닐 수 있기 때문이다.
   ① 전통적으로 천장에는 흰색이나 회색빛 도는 흰색을 사용한다.
   ② 높은 천장을 낮아 보이게 하고 싶으면 다른 색들보다 더 어두운 색으로 선택한다. 그러나 지나치게 어두우면 안 된다.
   ③ 천장이 낮아 보일 때 더 개인적이고 아늑한 느낌을 주지만, 너무 지나치면 꽉 막힌 밀실 같은 느낌이 든다.

(3) 벽을 장식하는 색으로는 보통 하얀색의 중간 톤부터 밝은 톤으로 이어지는 색을 사용한다. 하지만 방으로 들어오는 빛이 충분한 상태라면 어두운 색조가 오히려 효과적일 것이다. 그럴 때에는 인공 조명을 배치하여 그 방의 공간 감각을 넓힐 수 있다.

(4) 바닥의 색은 일반적으로 벽의 밝기와 비슷하거나 중간 톤부터 어두운 색조를 선택한다. 밝은 색으로 바닥을 꾸미려면, 많이 다니지 않는 곳과 청소를 자주 하지 않아도 되는 곳을 선택해야 한다.

Chapter 04 아이방 도배하기

1 아이방의 도배 문화는?

아이방의 도배 문화의 개념도 이제는 Education(교육)＋Entertainment(오락)으로 생각하여 Edutainment room(즐겁게 휴식하며 공부하는 방)으로 발전시켜 줄 시대가 되었다. 이를테면, '즐기면서 공부하는 방'으로 하루의 생활을 즐겁게 하자는 뜻이 내포되어야 하는 것이다.

아이가 좋아하는 색과 그림, 그리고 캐릭터는 공부가 되는 놀이이며 인격 형성과 성장에 밑거름이 되고, 지능 발달에 좋다. 그렇기 때문에 아이가 원하는 벽지로 도배를 하면, 상상력을 키워주고 시각적인 만족감을 주어 아이의 정서에 도움이 되는 일석이조의 효과를 얻을 수 있다.

2 아이방의 벽지 선택

과거에는 아이방의 벽지 선택은 부모의 일방적인 생각에 의해서 결정되었으나 경제 성장과 더불어 산아 제한 정책으로 인해 아이가 귀한 자녀로 인식 되면서 아이방의 분위기와 아이의 개성에 맞추어 도배를 하기 시작했다. 그러다 최근 2년 전부터 본격적으로 아이의 성격에 맞추어 도배하는 경향이 뚜렷이 나타나고 있다.

이를테면 '맞춤형 퓨전 도배(Making Fusion DOBAE)'를 추구하는 도배 문화가 정착되어 가고 있는 것이다. 이에 이 아이템(Item)을 상품화하여 프랜차이즈로 확대, 전국적으로 확산시키는 전문인도 있다.

이러한 생각과 발상으로 벽지의 선택은 아이의 성격 변화와 인격 형성에 영향을 미친다는 점에서 중요도가 커지고 있다.

③ 맞춤형 퓨전 도배

(1) 맞춤형 퓨전 도배 개념

천장과 벽의 도배지 색깔을 아이의 성격과 두뇌 발달에 적합한 것으로 선택하여 도배하는 것을 말한다.

예를 들면, 책상 앞의 벽면은 머리가 맑아진다는 하늘색 종류나 파란색 종류, 천장은 별빛이 빛나는 축광 벽지나 하늘색에 구름이 떠 있는 벽지로, 또 다른 벽의 면들은 아이의 성격에 따른 아이가 좋아하는 색깔과 그림이 있는 도배지로 도배를 하는 것이다.

- 성격에 따라
- 좋아하는 색과 개성에 따라
- 분위기에 따라(안방, 거실, 식당, 사무실 등)

(2) 장점

가치(Value)를 심어준다.

퓨전 인테리어(Fusion Interior)란?

1. 우리가 갖고 있는 것들을 버리는 것이 아니라, 가치를 찾아 재활용하고 새 것과 조화를 이루는 것이다.
2. 한국 민화(옛날에 민간에서 그린 그림)를 벽지로 재현한 '전폭 벽지'를 거실 전면에 도배한다면 벽화처럼 느낄 수 있고, 마치 병풍을 세워놓은 듯 이색적인 공간 연출에도 성공할 수 있다.

④ 아이 성격에 따른 색깔 선택

(1) 내성적인 아이들

내성적인 아이들한테는 붉은색이 좋다. 붉은색은 성격을 건강하게 해 주고, 외향적인 성격으로 바꾸어 줄 수도 있다.

- Red Color는

　① 활동적이고 원만한 성격을 가지게 한다.

　② 친구 관계가 좋고 매우 협동적인 성격으로 발전할 수 있다.

대부분의 내성적인 아이들은 차분한 색상을 좋아하지만 가능한 밝은 톤의 색상을 많이 접하게 해주어야 한다. 이를테면, 노란색, 파란색, 빨간색 등의 원색을 기본으로 하고 화사한 느낌을 주는 파스텔톤으로 꾸며 주어 아이의 생각을 바꾸어야 한다.

(2) 산만한 아이들

산만한 아이들한테는 푸른색이 좋다. 푸른색은 머리를 식혀주며 감정을 억제할 수 있는 능력을 길러준다.

- Blue Color는

　① 집중력이 떨어지고 정서적으로 불안하다고 생각되는 아이는 차분한 색상을 선택하는 것이 좋으며 띠 벽지를 사용하여 색의 구분을 확실히 해준다.

　② 푸른색은 심리적으로 안정감을 주며, 냉정한 사고력을 길러준다.

(3) 성격이 급하고 성적이 잘 오르지 않는 아이들

집중력이 떨어지는 아이에게는 녹색이 좋다.

- Green Color는

　① 눈에 이로운(좋은) 색이다.

　② 차분하고 안정된 색상으로 신중한 생각을 할 수 있게 해준다.

　③ 자기 만족이나 스스로에게 자신감을 심어 준다.

(4) 친구와 잘 어울리지 못하고 혼자서만 노는 아이들

노란색과 같이 활동력을 키워줄 수 있는 밝고 화사한 원색을 자주 접하게 하는 것이 좋다. 방을 꾸밀 때는 연노란색, 연녹색, 살구색 등의 생기가 도는 색을 사용하는 것이 좋고, 꽃과 나무, 동물의 캐릭터 그림으로 단조로움을 보완한다. 아이보리, 연한 베이지, 주황색 등도 좋다.

- Yellow Color는

　① 아이의 마음을 따뜻하게 해준다.

　② 친근한 성격으로 만들어 준다.

(5) 잘 싸우는 아이들

흰색이 이상적이다. 이런 아이의 성격은 대부분 감정 기복이 심하고 정서적으로 불안한 상태에 있다. 따라서 자극성이 없는 흰색이나 아이보리색 등의 안정감을 주는 색상을 사용해서 방을 꾸며 주면 좋다. 파스텔톤의 줄무늬 벽지나 초록색 또는 하늘색의 벽지도 무난하다.

  - White Color는
    ① 마음을 청결하게 해준다.
    ② 순수하고 정직한 마음을 갖게 해준다.

(6) 잠이 많은 아이

유달리 잠이 많아 공부에 지장이 있는 아이의 방은 하늘색이 이상적이다. 특히 하늘색에 구름이 있는 벽지는 상상력을 자극해 머리가 맑아지게 해준다.

연령에 따른 벽지 컬러의 선택은?

1. 세 살~초등학교 입학 전까지 : 은은하고 안정감 있게 꾸민다.
2. 초등학교 1학년~3학년까지 : 동·식물, ABC 등 영어 캐릭터가 있는 벽지, 축광 벽지(천장), 집중력과 시력 보호 벽지 등
3. 초등 4학년~6학년까지(사춘기 시절)
    ① 밝은 바탕색에 빨간 꽃무늬가 그려진 벽지
    ② 좋아하는 동화 그림이 그려진 벽지
    ③ 성격 및 개성과 분위기를 살릴 수 있는 벽지
    ④ 모험 이야기 등 이야기가 있는 벽지
4. 중학교 입학~3학년까지 : 다소 화려한 색의 벽지
5. 고등학교 입학~3학년까지 : 캐릭터로 꾸며진 벽지
6. 대학생 : 점잖은 색과 무늬가 큰 벽지
    ※ 꽃무늬 : 계절의 변화에 크게 구애 받지 않고 화사하면서도 고급스러운 실내 분위기로 소비자의 요구를 충족시킬 수 있다.

실제 아이방 도배지 시공

[사진 3-43] 아이방 천장에 '축광 도배지'를 시공한 모습
불을 끄면 빛이 나타났다가 잠이 들 때 빛이 사라진다.

[사진 3-44] 아이방 벽지

[사진 3-45] 천장 : 축광 도배지, 벽 : 푸른색
하단은 녹색으로 산(산등선)을 모자이크 함.

[사진 3-46] '달리기' 무늬의 벽지로 도배한 아이방 벽

[사진 3-47] '무지개' 무늬의 벽지로 도배한 아이방 벽

Chapter
05 새집증후군 예방

1 인체에 무해한 벽지 제조

(1) 인체에 무해한 벽지 제조

천식, 알레르기, 피부 발진, 현기증 등에 관한 문제가 대두되면서 벽지 업계에서도 웰빙에 발맞추어 사람의 인체에 해로운 포름알데히드(HCHO)나 휘발성 유기화학물질(VOCs), 총휘발성 유기화합물질(TVOC) 등을 배제한 친환경 벽지를 개발하고 있다.

(2) 실내 공기질 관리법 국회 통과

① 나노 기술이 완성시킨 광촉매 시스템

② 게르마늄 및 폴리텍스 수성 잉크 시스템

③ 기타 천연 재료를 이용한 천연 벽지

황토는 음이온과 원적외선 기능이 좋으며, 각종 오염물질인 유해가스와 중금속, 시멘트독 등을 비롯하여 세균 및 곰팡이에 대한 항균 기능이 뛰어나다.

2 새집증후군 예방 방법

(1) 새집증후군을 줄이는 최선의 방책은 '실내 공기 환기'이다. 자연 환기는 적어도 오전·오후로 나누어 하루에 두 번 이상 하고, 오전 10시 이후나 일조량이 많은 낮 시간에 환기를 시키는 것이 좋다. 그리고 새집 입주 전에는 '베이크 아웃(Bake out)'을 하여야 한다.

① 베이크 아웃(Bake out)은 일주일 이상이 좋다. 그렇게 해야만 포름알데히드나 기타 유해물질(벤젠, 톨루엔, 자일렌 등)을 최대한 발산시킬 수 있다. 또한 실내 가구나 수납장의 문도 모두 열어두어 새집증후군 발생물질을 가급적 많이 배출할 수 있도록 신경을 써야 한다.

② 입주 후 일정기간은 환기를 습관화, 생활화하여야 하고, 채광이나 통풍을 위해서 커튼은 입주 2~3개월 후에 설치하거나 항상 열어두는 것이 효과적이다.

③ 실내공기가 오염되면 일시적 또는 만성적으로 두통이나 구토, 어지러움 등의 증세를 겪을 수도 있다.

(2) 실내 공기질을 높이기 위해서는

① 평소 환기를 자주 하는 습관을 들여야 한다.

② 봄·가을에는 창문을 조금 열어둔다.

③ 겨울에는 2~3시간 주기로 10분 가량 환기를 시켜주면 좋다.

(3) 벽지나 바닥재 시공은 창문을 열어두고 생활하는 여름철이 좋다.

• 유해물질의 피해를 줄일 수 있기 때문

(4) 유해물질을 흡착하는 식물을 키우는 것도 좋다.

3 실내 공기 정화 식물

실내에 식물을 놓아 두면 공기 정화에 도움이 된다. 실내 각 장소별 효과적인 실내 식물은 다음과 같다.

(1) 거실

공기 정화의 효과가 좋고, 빛이 적어도 잘 자라며 휘발성 유해물질(VOC) 제거 능력이 우수한 식물을 준비하면 된다.

① 아레카 야자

② 대나무 야자

③ 산세베리아(Sansevieria) : 음이온이 나와 전자파를 차단한다.

④ 인도 고무 나무(Rubber Plant) : 담배연기와 미세분진을 제거한다.

⑤ 벤자민 고무 나무(Ficus Benjamin) : 잎이 많고 모양이 수려한 벤자민 고무 나무는 거실에 좋은 식물이다. 직사광선을 좋아하고 13~15℃에서 가장 잘 자란다.

⑥ 치자 나무

⑦ 라벤더

(2) 욕실

암모니아 가스 등 냄새 제거 능력이 탁월한 식물을 준비하면 좋다.

① 관음죽(Lady Plam) : 암모니아를 흡수하며, 그늘지고 습한 환경에서도 잘 자란다. 여름에는 물을 듬뿍 주고 겨울에는 거의 주지 않는다. 음지 식물로 빛이 많지 않은 실내에서도 잘 자라며 열대 식물이지만 0℃의 추위에도 잘 견디기 때문에 화장실에 두면 좋다.

② 호말로메나

③ 국화(Chrysan themun) : 욕실 입구에 두면 악취 제거 효과가 있지만 밝은 빛을 좋아하므로 2~3일에 한 번씩 창가로 옮겨 주어야 한다. 활짝 피어난 국화꽃은 공기 중의 암모니아를 흡수, 제거하는 능력이 뛰어나다.

④ 스킨

(3) 세면대 위

① 히아신스

② 국화

③ 프리지어

※ 식물은 물이나 비누가 닿지 않는 곳에 두는 것이 좋다.

(4) 베란다

① 팔손이 나무

② 분화 국화 : 빛이 있어야 잘 자란다.

(5) 현관

실외 대기오염물질 제거 능력이 뛰어난 식물을 준비한다.

① 벤자민 고무 나무 : 공기 정화 능력이 뛰어나다.

② 스파티 필름 : 강력한 공기 정화 능력이 있는 식물로 빛이 많지 않은 곳에서도 잘 자란다.

③ 테이블 야자 : 현관 신발장 위에 올려 놓으면 신발장의 불쾌한 냄새가 사라진다.

(6) 주방

요리 과정 중에 나오는 이산화질소와 이산화황 등으로 인한 음식 냄새를 없애주는 식물을 준비한다.

① 스파티 필름

② 벤자민 고무 나무 : 거실과 주방의 경계선에 두면 조리 중에 불완전 연소한 이산화항 등의 오염 물질을 흡수한다.

③ 허브 화분 : 찌든 음식 냄새를 중화시켜 준다. 주방 창가에 두면 좋다.

(7) 안방

① 네트로네피스 : 담배 연기를 흡수하여 침대에 베어있던 냄새가 사라진다.

(8) 사무실에 좋은 식물

① 행운목(Lucky Tree) : 사무 기기와 실내 장식 등에서 나오는 유해 물질을 흡수하고 공기를 정화한다.

(9) 책상 위에 좋은 식물

① 테이블 야자

(10) 아이방에 좋은 식물

① 페퍼민트 : 졸음을 쫓아준다.

② 라벤더 : 긴장을 풀어준다.

③ 로즈마리 : 기억력을 높여준다.

Chapter 06 한국의 도배 현실 및 비전

1 한국 벽지의 변천 과정

우리나라는 초기에 토담을 쌓아 짚을 작두로 썰어, 진흙에 섞어 개어서 발라 생활해 오다가 생활 주거 문명이 발달되면서 바탕면에 닥나무를 재료로 하여 생산된 피지를 발랐다. 그 후 피지를 초배지로 바르고 직기에 걸어서 제조한 한지로 도배하기 시작한 것이 도배문화가 발달된 시초가 아닌가 생각된다.

해방 전후의 일반 가정에서는 비료 포대나 신문지, 밀가루 포대, 시멘트 포대(일명 크라우드지), 지난 달력, 헌 책, 학생들의 노트 등으로 벽이나 천장, 장지문의 바람을 막는 데 사용하였다.

먹다 남은 쉰밥이나 밀가루, 감자, 고구마, 옥수수 등의 재료를 사용하여 집에서 풀을 쑤어 도배 풀로 사용하였으나, 현재는 기계가 발달되어 대량의 풀을 공장에서 생산하고 있다.

벽지(壁紙)는 해방 전에는 한지에 의존하였으나 해방 후(1945년) 인쇄술의 발달로 종이 벽지가 나오고 점차적으로 발포 벽지나 실크 벽지, 케미컬 타일 벽지 그리고 여러 종류의 특수 벽지들이 생산되면서 색상과 무늬도 다양하게 새겨져 나오고 있다.

2002년부터는 웰빙(Well-being) 바람이 불기 시작하여 주택·APT건축 및 인테리어 전 분야에 많은 영향을 미쳐, 건축 자재에 친환경 소재를 사용해야 하는 시대가 되어, 관련 업계에서는 지속적으로 친환경 소재의 개발에 박차를 가하고 있다.

이에 벽지 업계에서도 웰빙에 발맞추어 사람의 인체에 해로운 포름알데히드(HCHO)나 휘발성 유기화학물질(VOCs), 총휘발성 유기화합물질(TVOC) 등을 배제한 친환경 벽지를 속속 개발하고 있어 소비자가 용도나 기호에 맞게 벽지를 선택할 수 있는 폭이 넓어졌다.

최근에는 나노기술의 도입과 게르마늄 및 폴리텍스 수성 잉크 기술의 도입으로 인한 기능성 웰빙 벽지(친환경 벽지)가 빠른 속도로 개발되어 출시되고 있다.

이를테면 음이온이 나오는 벽지(대동 벽지), 녹차·쑥·숯·황토 벽지(벽산 벽지), 산소 벽지(샬롬 벽지), 소나무·황토·숯·잣나무·향나무·한방 재료 등의 천연 재료를 이용한 천연 벽지 등 다양한 벽지들이 속속 개발되고 있으며, 이에 발맞추어 도배 기술에도 상당한 발전이 거듭되고 있다.

2 우리나라 도배의 사회 인식과 비전

작년에 이런 일이 있었다. 공장형 아파트에 가서 샘플북(Sample Book)을 펴놓고 대화를 나누다가 조금 어려운 말을 하였더니, "그런 말도 할줄 아세요?"라는 반응이 돌아왔다.

사람들은 직업(Job)에 귀천이 없다고 하지만, 아직까지는 그러한 인식이 존재하는 것 같다. 선진국에서는 화이트컬러는 화이트컬러대로 노동자는 노동자대로 열심히 일하고 살아가며, 상호간에 차별 없이 서로 존중하고 예우를 갖춘다. 그런데 한국은 아직까지도 직업에 차별을 두고 있는 것 같다. 이제는 정말 인식의 변화가 있어야 한다.

도배(塗褙)는 건축 업계의 한 분야이고 최종 마감하는 아주 중요한 분야이면서도 대우를 받지 못한다. 또한 사회저변의 인식도 마찬가지이다. 이러한 현실 인식을 바꾸기 위해 도배인이 여러 방면에서 부단히 노력하여야 할 것이다.

현재 도배는 기술적인 측면에서는 과거에 풀칠만하여 도배를 한다는 단순 개념에서 벗어나, 손으로 도배하는 이중풀칠 시공, 자동 벽지 풀 바름기(유진엠씨·한국에이엠), 초소형 기중기 등이 개발되며, 도배 기술을 발전시켜 왔다. 시공 방법으로는 바탕면의 아름다움과 시멘트의 독성을 방지하기 위한 방안으로 핸디 작업(퍼티 작업)과 부직포(T/C지) 작업을 하며, 합지(合紙) 시공 시에는 롤 운용지를 물에 적셔 시공하는 방법과 봉투 뺑뺑이를 돌리는 시공 방법 등 여러 가지를 연구하여 시공되고 있다.

이처럼 노력하고 연구하는 부자재 업계와 도배인들이 나날이 늘어나고 있어 우리의 도배 시공 수준은 최근에 일본에서 한국의 도배를 배우러 오기도 하고 우리의 도배 시공 기술을 중국의 도배기능인에게 전수를 시킬 정도로 높아졌다.

그리고 2005년 5월 24일 KBS 1TV 뉴스내용을 소개하면 무인컴퓨터가 건축 시공을 하는 장면이 나왔다. 이 무인컴퓨터 건축 시공은 NASA에서 커다란 관심을 갖고 있다고 하며 미래에는 우주에서도 건축 시공이 가능할 것으로 이야기되고 있다. 물론 먼 훗날에는 무인컴퓨터가 도배하는 날이 도래하는 것은 아닌가 하는 노파심이 들기도 하지만 도배는 반드시 사람의 손이 가야하는, 인적서비스가 절대적으로 필요한 분야이기 때문에 그러한 걱정은 하지 않아도 될 것으로 본다.

이상 말을 맺으며, 나날이 발전하는 벽지 업계와 도배인의 노력하는 마음 자세에 심심한 격려를 보낸다.

07 래커도장 6단계

1단계 ▶ paper(사포, 빼빠) 작업

2단계 ▶ Lov HS 래커(샌딩실러) 작업

① 색상 투명
② 도구 롤러 – 보푸라기 일어남

3단계 ▶ paper 작업

4단계 ▶ Lov HS 래커 작업

5단계 ▶ paper 작업

6단계 ▶ Lov HS 래커 작업

참고

1. LA 시너 2000 혼합 – 농도 조절
   17~18L로 약 25평 내외 칠 가능
2. 칠하여 루바가 섞이면 '리타다 시너'를 사용
3. 칠하여 성에가 낀 것 같이 희게 보이면 그냥 둠
4. 래커 종류
   ① 혼합비율 – 최대 60%
   ② 건조시간 – 최대 30분
   ③ 재도장 간격 – 1~2시간(날씨에 따라 차이가 날 수 있다.)
   ④ 특이사항 – 고온다습 시 희석제로 LA 리타다 시너 사용
5. 사포 종류
   ① AC100
   ② 종이사포 220
   ③ 종이사포 320
6. 시너 저장기간 – 24개월
7. 래커류 저장기간 – 12개월(단, 제조일로부터)
8. 천장작업 시에는 눈을 보호하기 위해 안경(선글라스 등)을 끼고 작업해야 한다.
9. 웃옷은 가급적 긴소매의 옷을 입고, 짧은 소매인 경우에는 토시를 착용하여 피부를 보호해야 한다.

08 도배인(塗褙人)은 유산소 운동을 해야 한다

도배인들은 실내에서 먼지와 함께 생활하고 있다고 해도 과언이 아닐 것이다. 실내 먼지를 들이마시며 생활해야만 하는 것이 숙명인 것이다.

때문에 건강관리를 위하여 일이 없을 때는 등산(산행)이나 트레킹(trecking)을 하여 심신을 관리해야 한다.

다행히 우리나라는 사방을 둘러보면 산이 지척에 보인다. 그래서 우리나라 사람들은 산을 좋아하고 산 같은 사람을 좋아하는 것이 아닌가 생각한다.

산은 이리저리 옮겨 다니지 않고 항상 제자리에 우뚝 서 있다. 그리고 말이 없다. 그러고 보면 도배인들도 입문하여 처음 배울 때는 힘이 들고 마음고생도 하지만, 숙련이 되고 연륜이 쌓이면 여러 직장을 옮겨 다니지 않고 꿋꿋하게 자리를 지키며 생활하는 사람들이 많다. 산과 같이 흔들림이 없는 도배인들은 미덥기까지하다.

등산(산행)과 트레킹은 혼자서는 빨리 갈 수는 있어도 멀리 갈 수는 없다고 한다. 그러나 둘이서는 빨리 갈 수는 없어도 멀리 갈 수 있다고 한다. 도배(塗褙)의 철학도 혼자서는 오래 할 수 없어도, 둘이서는 그것이 가능하다. 또한 트레킹은 육체적인 행위라기보다는 정신적인 행위에 가깝다. 걸을 때는 항상 생각을 하기 마련이다. 도배인도 '걸으며 생각'할 여유가 필요하다.

영국의 산악인 조지 핀치는 "등산은 스포츠라기보다 삶의 한 방법"이라고 말했다. 또 영국의 어느 신문기자가 영국 등산가 조지 맬러리(George Mallory)에게 "왜 계속 산에 오르십니까?" 하고 묻자, 산이 거기 있기 때문이라는 명언을 남기기도 했다. 이와 같은 맥락으로 성철 스님의 말씀이 떠오른다.

"산은 산이요, 물은 물이로다."

등산과 트레킹

등산은 심폐기능을 강화시켜주고 근력 향상에도 도움이 된다. 그러나 하산할 때 하중이 지속적으로 가해지면 무릎에는 독이 될 수 있다. 도배인은 특히 무릎을 잘 관리해야 하며 허리와 팔, 손도 잘 관리하고 보호해야 하므로 산행이나 트레킹할 때 항상 유의하여야 한다.

산은 오르기는 힘들지만 정상에 서면 잘 올라왔다는 생각이 들고, 내려오면 뿌듯한 마음마저 든다.

도배인의 하루도 마찬가지다. 일이 힘들지만 끝날 때면 오늘도 무사히 일을 마쳤구나 하는 안도감과 뿌듯함이 마음을 채워준다.

산은 정상만을 바라보며 목적지에 도달하기 위해 끊임없이 올라가는 것이고, 트레킹은 자연을 감상하며 여유롭게 걷는, 목적지가 없는 산책으로, 산과 들, 바람을 따라 떠나는 도보여행, 사색여행 모두를 포함한다.

최근 '느림의 미학'에 관심을 갖는 사람들이 늘어나면서 트레킹이 사람들의 관심을 끌고 있다. 사람은 가끔은 익숙한 것들과의 결별이 필요하다. 즉 자기 성찰의 시간이 필요하다.

트레킹이 즐거운 것은 무엇보다도 육체적이기보다는 정신적인 행위에 가깝기 때문이다. 걸을 때는 생각을 하게 된다. 이를테면 도배인들은 일에 대한, 견적에 대한, 인간관계에 대한 창의적인 생각들을 하게 된다.

- 우리나라의 산은 높이가 모두 2,000m 이하이다. 대부분 800m가 안 되고, 500m 이하의 낮은 산이 많다.
- 국내 등산 인구는 1,800만 명이 넘고 산악회도 전국에 10만 개가 넘게 있다고 한다.

알아두면 유용한 정보

1. 보통 3,000m 이상을 고산(高山)
2. 1,000~2,000m를 중산(中山)
3. 500m 이하를 저산(低山)
4. 연속된 산을 산맥
5. 불연속적인 많은 산이 넓게 분포하면 산지(山地)
6. 해저의 산은 해산(海山)

> 피톤치드(phytoncide)는 나무가 해충과 병균으로부터 자신을 보호하기 위해 내뿜는 자연항균물질이다. 스트레스 해소, 심폐기능 강화, 살균작용 효과가 있어서 오전 10시경부터 오후 1시경까지 산에 머무는 것이 좋다고 한다. 주위의 미생물 따위를 죽이는 작용을 하는 물질로, 삼림욕 효용의 근원이 되기도 한다.

1 등산(산행)과 트레킹의 비교

등산(산행)	트레킹
• 목표지향주의 • 반드시 정상에 올라야 한다. • 수직적이다. • 혼자서 사색할 수 있는 시간이 많다. • 다양한 삶, 경영 등 구상 • 산에서 한없이 초라해지는 인간의 모습을 발견할 수 있다. • 느릿한 산행이 좋다. • 산은 오르기 힘들지만 정상에 서면 잘 올라왔다는 생각이 들고, 내려오면 뿌듯함마저 느낀다. • 예로부터 산은 우리의 휴식처이자 은둔처, 구원처였다. 산은 '승낙도 없이 들어가서 산소공양만 잔뜩 받고 오는 영원한 고향이다.' 멈출 것인가 아니면 다시 오를 것인가? 산행은 인생과 같다. 포기하지 않고 뚜벅뚜벅 걸어가면 정상에 도달할 수 있다. • 등산의 백미(白眉)는 단연 정상정복이지만 그 완성(完成)은 출발지점으로 되돌아오는 것이다.	• 목표가 없다. • 그냥 걸으면 되고 걷다가 힘들면 쉬어 가면 된다. • 수평적이다. • 직선길과 휘어진 길이다. • '느림의 미학'에 관심을 가지는 사람이 늘어나면서 주목받고 있다. • 사람은 가끔 익숙한 것들과의 결별이 필요할 때가 있다. 즉 자기성찰의 시간이 필요하다. • 걷는다는 의미의 '보(步)'자를 살펴보면 '그칠 지(止)'에 '젊을 소(少)'의 의미가 있다. 즉 '그치면 젊어진다'는 뜻이다.

2 산인오조(山人五條)

산사람이 갖추어야 할 다섯 가지 덕목

  ① 산에 대한 흥취 – 산흥(山興)

  ② 산을 타는 체력 – 산족(山足)

  ③ 산행에 최적화된 체질 – 산복(山腹)

④ 기록으로 남기는 성실성 – 산설(山舌)

⑤ 훌륭한 조력자 – 산복(山僕)

이 말은 명나라의 주국정(朱國楨, 1558~1632)이 지은 '황산인소전(黃山人小傳)'에 나온다.

3 도배인의 오조(五條)

① 일에 대한 흥취 – 즐거움

② 일을 할 수 있는 체력 – 건강한 체력

③ 도배에 최적화된 체질 – 도복(塗腹)

④ 메모하는 성실성 – 도설(塗舌)

⑤ 훌륭한 조력자 – 선생, 선배

종이의 역사와 유래

우리는 종이를 처음에는 중국에서 제조기술을 배워서 만들었으나 나중에는 오히려 중국으로 수출했다고 한다.

종이는 가벼울 뿐 아니라 말거나 접어서 부피를 줄일 수 있다는 장점이 있다. 인류의 개발능력은 끝이 없는 것 같다. 종이처럼 휘어지는 스마트폰이나 노트북이 곧 등장한다고 하니 말이다!

종이가 처음 등장한 때는 지금으로부터 약 1900년 전인 서기 105년이며, 중국의 '채륜'이 처음으로 만들었다고 전한다.

채륜은 중국 후한의 환관 출신으로, '상방령'이라는 직책을 맡고 있었다. 당시 대나무나 비단, 양피지, 진흙판 등에 문자를 기록하는 것을 보고 이를 안타깝게 여긴 채륜은 나무껍질, 낡은 천, 고기잡이 그물 등 여러 재료를 가루처럼 잘게 부순 다음 이를 이용해서 새로운 종이를 만들어 내었다.

중국에서는 채륜이 종이를 만들기 이전에는 '풀솜'이나 '마'를 펴서 만들어 종이로 썼다고 한다. 하지만, 그렇게 만든 종이는 너무 얇고 약할 뿐더러 표면도 고르지 않아 사용하기가 불편했다.

채륜의 종이는 가볍고 부드러우면서도 질기고, 접었다 펼 수 있어 휴대하기가 편했다. 사람들은 이 종이를 '채후지(蔡侯紙)'라 이름 붙였고, 이전의 종이와 구별하며 채륜의 공을 찬양하였다.

중국은 여러 가지 식물 원료를 갈아 얇게 펴서 종이를 만들었고, 우리나라는 주로 닥나무 껍질을 두들겨 종이를 만들었다. 이렇게 만든 종이를 '한지'라고 불렀다.

중국 송나라의 손목은 《계림유사》에서 고려의 닥종이는 흰빛이 아름다워서 모두 좋아한다고 하였다. 이를 '백추지'라 일컬으며 한지의 우수성을 찬양하였다.

명나라의 문헌에도 "고려의 종이는 누에고치로 만들어서 종이 색깔이 비단처럼 희고 질기며, 글자를 쓰면 먹물이 잘 스며들어 좋다."라고 하였다. 또한 "이런 종이는 중국에는 없는 것으로 진귀한 물품이다."라고 적고 있다. 물론 한지는 누에고치로 만든 것이 아니라 닥종이로 만든 것이다. 그런데 누에고치로 만든 것으로 알려질 정도로 우리 조상의 한지가 비단처럼 곱고 촘촘하면서도 매끄러웠다는 뜻이다.

그렇다면 우리나라에서는 언제부터 종이를 만들어 사용했을까?

　중국의 종이 제조법이 우리나라에 전해진 시기는 대략 서기 300~600년 사이로 추측된다. 일본의 역사서인 《일본서기》에는 610년에 고구려 '담징'이라는 사람이 종이와 먹의 제조법을 일본에 전했다는 기록이 있다. 이로 미루어 볼 때 우리 민족은 그 이전 (610년 이전)에 종이 만드는 기술을 지니고 있었음을 알 수 있다.

　불국사 석탑에서 발견된 《무구정광대다라니경》은 두루마리 종이에 목판 인쇄를 한 경전이다. 석가탑이 축조된 때가 751년, 《무구정광대다라니경》이 번역된 시기가 704년이므로 이것을 인쇄한 종이는 그 사이에 만들어진 것이라 짐작할 수 있다.

　또한 755년 경덕왕 14년에 《대방광불화엄경》에는 종이 만드는 기술과 만든 곳의 지명, 종이를 만든 사람 등이 기록되어 있다고 한다. 그런데 더욱 놀라운 사실은 종이를 발명한 중국이 오히려 우리나라 종이를 수입하여 갔다는 점이다. 이는 그만큼 우리가 중국보다 더 질좋은 종이를 만들었음을 뜻하는 것이다.

도배 시공 용어 정리

① 도배(塗褙)＝정배

② 도배지＝정배지

③ 재단자＝도련자＝전반자

④ 재단판＝밑자＝받침대

⑤ 칼질(Cutting)＝도련

⑥ 도배솔＝정배솔＝마른솔＝다듬솔＝나데바기(なでばき)

⑦ 풀솔＝풀귀얄

⑧ 딱솔＝이중풀칠솔＝빡빡이솔＝짧은 풀솔

⑨ 천장(Ceiling)＝반자

⑩ 벙어리방 : 몰딩이 없는 방

⑪ 벽지(壁紙)＝Wallpaper＝Wallcovering

⑫ 본더풀＝터치풀

⑬ 노바시(のばし)＝잠재우기＝숙성＝숨죽이기＝Soaking time

⑭ 온통풀칠＝베다(べた)＝찰싹＝똥칠

⑮ 이중풀칠＝미즈바리(みずばり)＝물바름 방식＝봉투바름

⑯ 공간 초배＝갓둘레 붙임

⑰ 갓둘레＝빵빵이＝힘받이＝돌림 초배지

⑱ 걸레받이＝굽돌이＝하바기(はばぎ)＝굽지(Base Board)

⑲ 이음초배＝쯔기(つぎ)초배

⑳ 히로시(ひろし)＝연필 선긋기

㉑ 핸디(Handy) 작업＝퍼티(Putty) 작업＝빠데 작업

㉒ 이음선＝하구찌(はくち)＝맞물림선＝겹침선＝이음매(Seaming)

㉓ 이음매 따기＝맞물림 따기＝쯔기(つぎ) 따기

㉔ 하자, 재손질＝데나오시(でなおし)

㉕ 주걱＝헤라(へら)＝참대주걱

㉖ 배합＝혼합＝믹스

㉗ 대야＝다라이(たらい)＝풀그릇

㉘ 네바리(ねばり)＝보수초배

㉙ 후꾸루(ふくる)＝공간초배

㉚ 가로＝요꾸(よく)

㉛ 고부찌(ごうぶち)＝홈

㉜ 기네바리(きねばり)＝짧은 초배

㉝ 긴네바리(きんねばり)＝긴 보수초배

㉞ 와다라시(わたらし)＝각 장판

㉟ 아크졸＝강력접착제

㊱ 부직포＝T/C지

㊲ 한지(韓紙)＝Korean paper

㊳ 발판＝우마(うま)

㊴ 겔링(Galling) 작업＝평탄 작업

㊵ 허리지갑＝옆차기＝도구 넣는 집

㊶ 벽＝가베(かべ)

㊷ 모서리(Out corner)＝가도(かど)

㊸ 구석(In corner)

㊹ 줄자＝마끼자(まきざ)

㊺ 보양작업＝커버링 작업

㊻ 맞물림 시공(Butt joint)＝맞댐 시공

㊼ 오목벽면＝아루(ある) 벽면

㊽ 초배지(Lining paper)

㊾ 겹침시공(Overlap, 오버랩)

㊿ 정리＝나라시(ならし)

�51 밀대＝스크레이프(Scrape)

㉕ 골드 베이스＝하드 노븐＝하멜 노븐

㉞ 엑사판 : 화장실 천장에 시공

㉞ 엔드바 : 굽돌이용으로 모노륨 장판에 끼움.

㉞ 방습지 : 습기가 스며들지 못하게 만든 종이

무릇 일은 미리 준비함이 있으면 성공할 수 있고,
준비함이 없으면 실패한다.
말은 미리 생각하는 바가 있으면 실수가 없다.
일은 사전에 계획이 서 있으면 곤란함이 없고,
행동은 미리 목표가 서 있으면 후회함이 없다.
길은 미리 목적지가 정해져 있으면 막히는 일이 없다.

- ≪중용≫ -

MEMO

저자 최 돈 화

- 도배기능사
- 도배 훈련 교사
- 서울직업전문학교 '실내 인테리어 도배' 특강
- E-TANK 직업전문학교 전임교사
- 대한직업전문학교 교사
- 영진직업전문학교 교사
- 군산 도배 · 장판 기술학원
- **저서**《도배시공 매뉴얼》(건설도서)
  《도배시공 이론과 실무》(건설도서)

KBS 무한지대큐 출연
「도배지존 / 2005. 10. 17 / 186회」

도배기능사
실기문제 해설집

2010. 1. 20. 초 판 1쇄 발행
2017. 1. 10. 개정증보 1판 1쇄 발행
2019. 1. 7. 개정증보 2판 1쇄 발행
2021. 9. 10. 개정증보 3판 1쇄 발행
2023. 9. 6. 개정증보 4판 1쇄 발행

지은이 │ 최돈화
펴낸이 │ 이종춘
펴낸곳 │ **BM** (주)도서출판 **성안당**

주소 │ 04032 서울시 마포구 양화로 127 첨단빌딩 3층(출판기획 R&D 센터)
     │ 10881 경기도 파주시 문발로 112 파주 출판 문화도시(제작 및 물류)
전화 │ 02) 3142-0036
     │ 031) 950-6300
팩스 │ 031) 955-0510
등록 │ 1973. 2. 1. 제406-2005-000046호
출판사 홈페이지 │ www.cyber.co.kr
ISBN │ 978-89-315-1122-2 (13540)
정가 │ **23,000원**

이 책을 만든 사람들
기획 │ 최옥현
진행 │ 이희영
전산편집 │ 이다혜
표지 디자인 │ 박현정
홍보 │ 김계향, 유미나, 정단비, 김주승
국제부 │ 이선민, 조혜란
마케팅 │ 구본철, 차정욱, 오영일, 나진호, 강호묵
마케팅 지원 │ 장상범
제작 │ 김유석

이 책의 어느 부분도 저작권자나 **BM** (주)도서출판 **성안당** 발행인의 승인 문서 없이 일부 또는 전부를 사진 복사나 디스크 복사 및 기타 정보 재생 시스템을 비롯하여 현재 알려지거나 향후 발명될 어떤 전기적, 기계적 또는 다른 수단을 통해 복사하거나 재생하거나 이용할 수 없음.

※ 잘못된 책은 바꾸어 드립니다.